JN133994

改訂新版

食品調味の知識

原著者　太田静行
改訂編著者　石田賢吾

幸書房

はじめに

『給食のめしは意外にうまい』とか『この料理はまずい』などといって，われわれはよく食物の味のことを問題にする．数えたことはないが，普通の人でも1日に数回は食物の味のことを話したり，考えたりするであろう．まして，食品の製造に関係したり，調理を担当する人々は「いかにしてうまいものをつくるか」ということで，食品調味が仕事の大半を占めるものになっている．調理のベテランの中には「味は私の舌が知っている」というだけで，味のことはあまりしゃべらない人もいる．この種の人々は，料理は体で覚えるもので理屈を並べても始まらないと考えており，それで弟子達には自分の工夫や努力で料理の腕を磨かせているわけであって，たしかに一理あるといえるが，その代わり，熟達するのに長い年月がかかる．最近のように，1年か2年で，調理師の資格を得させようとしたり，“栄養士”として実際の現場に立たせようとする場合には，“味”について基本的なことを知っていて，その上で種々の努力をする方が便利で近道である．調理のベテランが体で会得した味のコツなども，近代の科学でわからないこともあるが，明快に簡単な式で表わせることもあり，数行でまとめることができるものも少なくない．

『目黒のサンマ』という笑い話がある．ある殿様が江戸の郊外，目黒に鷹狩りに行ったおり，腹がへったので，村の農家に立寄って昼食を所望した．その農家ではとりあえずサンマを焼いて殿様をもてなしたが，殿様は空腹であったから，大変に喜んで賞味した．帰邸後，その味が忘れられず，膳部の者に命じたところ，料理人はサンマの油を抜き，サンマのつみれ汁を出したが，殿様は気に入らない．それで，『サンマは目黒に限る』と殿様がいったというのがオチである．

この『目黒のサンマ』は昔の笑い話であるが，この話は現代にも通用する多くの教訓を含んでいる．食物の味を論ずるときには物事を広く種々の点から考えなければならない．また，多くの人々の好みを知らなければならない．食品を扱う人は自分の味を確立しなければならないが，また，それを人にあまり押しつけてはならない．その意味では，食品の調味は誰にでもできるけれども，また反面，極めて難しいものである．しかし，食品の調理について知っておくと便利なことや経験的に得られた法則のようなものがいくつもある．本書はそれらをまとめたものである．しかし，机上で文献をただ寄せ集めただけではない．私は以前，味の素（株）に在職中，各種のスープやドレッシングなど種々の食品の開発を行う機会を与えられて，それなりに苦労もし，調味の原則的なものを模索した経験を持っている．

本書はいわゆる料理の指導書ではない．私も本書が調理に際して，直ちに役立つものとは考えていない．しかし，ここに盛られた内容の多くは，調理師学校や調理に関連する短大や大学，時には主婦の集まりなどで話をして，充分に興味を持って迎えられた．料理書のとおりに，材料何グラム，塩大さじ何杯という調理をしていたのでは，いつまでたっても自分の味が確立できないし，食品関係の新製品は出せないということを多くの人々は知っているためである．

今回，大学における食品加工に関連する講義のために，従来のメモをまとめたのを機会に，本書を世に送ることにする．誤りや独断などの点は遠慮なく御指摘いただきたい．なお，文献の類は日本語で書かれた入手しやすいと思われる単行本，あるいは雑誌の総説をあげるにとどめた．研究報告の原書を全部あげたらページ数がいくらあっても足りないからである．また，香辛料については斎藤浩氏から多くの御教示をいただいた．その他，種々御指導いただいた諸先生方に厚く御礼申し上げる．

1974年10月　　太田　静行

改訂にあたって

太田静行先生には，私が協和発酵工業（株）の東京研究所，食品酒類研究所，本社食品開発部時代の1965年〜1990年頃に，先生と斎藤浩氏の編である「隠し味の科学」のエキス類の執筆に際し，また，食品や調味料の処方組み立てなどでご指導頂いた縁がある．

幸書房の夏野社長より，「食品調味の知識」の改訂の要請を受け，少々荷の重い仕事であるが，協和発酵の食品事業本部（現在は，MCフードスペシャリティーズ（株）が事業を引き継いでいる.）や日本エキス調味料協会時代の経験を基に，お受けすることにした．

食品に要求される要件は，美味しさ，健康・栄養，経済性，簡便性，安全性など多岐にわたるが，なかでもまず「美味しさ」が必須の条件である．

食品の素材そのものの味や，美味しさに関連する科学的な現象を正確に理解し，そして調味料や，調味方法の基本を知ることは，食品関連の事業に携わる者にとって必須の要件と考える．

近年，家庭及び外食，給食産業においても，調理済み食品やメニュー対応調味料などを使う頻度が増加している．したがって，食品の調味は多岐にわたり，素材の味や調味料の成り立ち，使用効果を理解する事が求められる．また，味や調味料に関する研究や技術も年々進歩している，特に，食べ物と健康，食の安全対策や食品表示などへの対応も重要性が増している．

特に，食べ物と健康とは医食同源と言われるように，切っても切れない関係にあり，脂肪の種類と摂取量，摂取総カロリー，食塩の摂取量，野菜の摂取量などが重要である．これらを考慮しながら，食品の調味を行うことにより，美味しくて健康に良い食べ物を作ることができる．

企業の研究開発に長い間携わり，その後技術士として食品企業の指導に当たった経験に基づき，太田先生の原著の構成と理念を残しながら，近年進んだ食品調味に関する研究やコク，減塩調味料，調味料の体系的分類，エキス調味料，調味料と健康との関係，調味処方などを中心に改訂させて頂いた．

食品の調味や調味料に関連する学生，食品に関連する企業や公的機関の方々への，基礎的な知識として役立てば幸いである．

最後に，多数の文献を引用させて頂いたが，引用先の先生方にこの場をお借りして，ご了解と謝意を述べさせて頂きたい．

2019 年 1 月　　石田　賢吾

目　　次

1.　食品の味とは

われわれはよく，この料理は「味が良い」とか「味が悪い」などと，“味”という言葉をよく口にする．われわれは食物や飲物を，これは良いとか好きだとかいうけれども，飲食物の評価や好き嫌いの判定はもちろん，味付けだけでなくて，固いとか柔らかいとか，色が良いとか悪いとか，以前に食べてうまかったという記憶があるとか，高価であったとか，極めて複雑な要素を含んでいる．食品の持つ多くの感覚的な要素を並べてみると表 1.1 のように種々のものがある．

表 1.1　食品の持つ感覚要素

視覚によるもの	：形，色，艶など
触覚によるもの	：硬さ，なめらかさ，粘性，弾性，脆さ，歯切れなど
皮膚で感じるもの	：温冷感，収斂味（しぶみ），刺激性（からみ）など
嗅覚によるもの	：焼き肉の香り，花の香り，果物の香り，腐臭など
聴覚によるもの	：咀嚼の音，かりかり，ぽりぽり，プチプチなど
味覚によるもの	：基本的な数種類の味

以上のように，味には食品の持つ多くの感覚的な要素が含まれ，食品は上記のどの感覚的要素についても満足されるものでなければ優良であるとはいえない．

また，食品を味わう側の健康状態や空腹感などの生理的な条件も関与する．例えば，腹が減っているときは何を食べてもうまいと思うし，歯痛のときにはかたいせんべいなどは見ただけでも嫌になる．

食物の味は表 1.1 に示した人間の感覚以外に，表 1.2 のような要

表 1.2　食品の味に影響する諸因子

社会的環境	……食習慣，嗜好，宗教　など
自然的環境	……天候，昼夜，季節　など
心理状態	……緊張感，感情（喜怒哀楽），情報　など
生理状態	……空腹感，消化器疾患，頭歯痛　など

因にも左右される極めてデリケートなものである．

以上のように，食品の味には極めて多くのことが関連する．

子供の頃食べたことがあるとか，郷土の名産であるなどの個人的なことも含めて，個人の嗜好，飲食する環境やレストランの評判のような情報などの心理的に味を左右するもの，あるいは空腹感，喝感，健康状態などの身体条件に関する生理的な問題なども食品の味の要素として重要である．また食品を調理，加工する立場ならば，温度，硬い柔い，粘り，舌ざわりなど口の中で受ける物理的な刺激（物理的な味）と，甘味，酸味，塩味など水に溶けた物質が味覚神経を刺激する化学的な味について主として考える必要がある．われわれが舌だけで感じる味覚は狭義の味である．

風味という言葉がある．これの要素には香り，味と食物を咀嚼（そしゃく）するときに嗅覚（きゅうかく）に感知されるにおいがあり，われわれはこれらを一括して食味として評価している．この場合，鼻孔から空気と共に嗅上皮に達するもの（オルソネーザル経路）と食べ物を噛んでいる時，食物から発する匂いが喉の奥を経由して感じるもの（レトロネーザル経路）の二つの経路がある．

食品にはその他に形状などの外観あるいは色調，触感がある．これらによっても食味は影響を受ける場合が多いが，これらは食味を評価する場合の感覚的要素ともいえるから食味の直接的要因からは区別されるべきであろう．

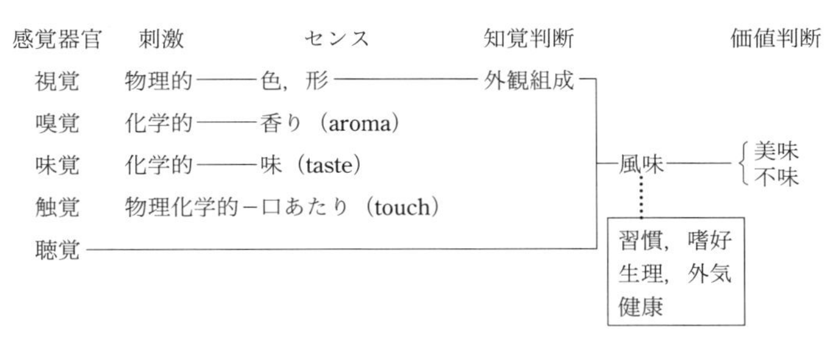

図 1.1　風味

風味については図 1.1 のようにまとめられる．

本書で扱う味は表 1.1 や図 1.1 における味覚の問題，すなわち化学的な味の問題を主とすることにし，それを食品の調味との関連において考察していくことにする．

文　献

1) 小原正美，“食品の味”，p.15，光琳書院 (1966)
2) 大石圭一，“水産物の風味”，日水誌，**35**，232 (1969)
3) 福場博保，小林彰夫編，“調味料・香辛料の事典”，p.1，朝倉書店 (1991)
4) 大木望，東原和成，“嗅覚のメカニズム—ヒトはどのように匂いを感知するか”，化学工学，**80**，702 (2016)

2. 味　の　種　類

われわれが日常摂取する飲食物の味は千差万別である．その上，一つのものに感じる味は人それぞれの嗜好によって差異があるから，味の種類や味の良否をいちいち適確な言語で表現することは極めて困難である．

古来，どこの国の人々でも味覚を甘味（あまみ），酸味（さんみ），鹹味（しおからみ），苦味（にがみ）の4種に区別していることは共通的である．

味の化学的分類を最初に発表したドイツのヘニング（Henning）は，甘味，酸味，鹹味，苦味の四つの味が基本的な味で，すべての他の味はこれらを混合してつくり出されると述べた．これは色に3原色があり，赤，黄，青の3原色があればすべての色彩がこれらの配合でつくられる，という考え方と同じである．それで，ヘニングはすべての味は図2.1に示した“味の4面体”で囲まれた空間中の一点に位置付けすることができると説明した．

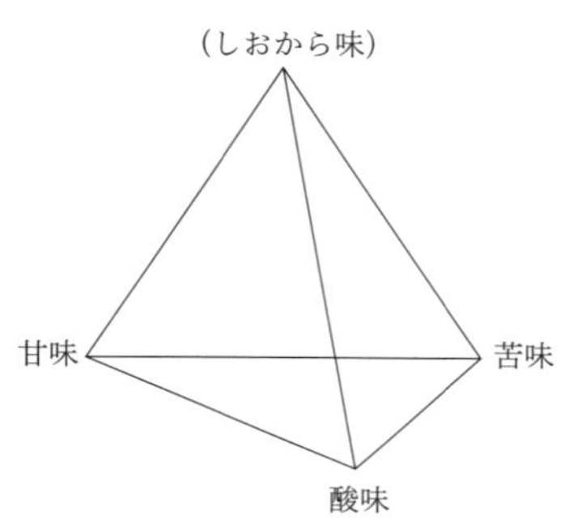

図 2.1　ヘニングの味の4面体

日本では以上の4味の他に辛味（からみ）を加えて5味としており，欧米諸国では金属，アルカリ味を加え6味に，インドでは渋，辛，淡，不了味を加えて8味にしている．

4種の味覚以外日本で挙げている辛味は口腔粘膜刺激による痛覚

であり，鼻腔粘膜の痛覚をも伴うものである．インドで挙げている渋味は舌粘膜の収斂による．また不了味と称する嘔吐味，腐敗味，尿味などは明らかに嗅覚を伴うので，これらのものを味の分類に入れることは妥当とは思われない．とすると，各国で共通に取り上げているところの 4 原味をもって味覚を代表すると考えられていた．

ところが魚類や肉類または，かつおぶしやコンブ類のだし汁には独特のうま味があり，このうま味は上記の 4 原味のうちのどれにも入れることのできぬ別種の味である．1997 年に開催されたうま味の国際シンポジウムにおいて，日本の研究者によって提案されたうま味が第 5 番目の味であることが国際的に認められた．これ以来，うま味は“UMAMI”と表現され，4 原味にこのうま味を加えて，味の 5 原味とされることになった．

この 5 原味は 5 基本味とも言い，基本味としての条件は，“①明らかに他の基本味とは違う味であること．②普遍的な味である．③他の基本味と組み合わせてもその味を作りだせない．④他の基本味と独立した味であることが神経生理学的，生化学的に証明された味である．”とされている．

甘味の代表的なものには砂糖があり，酸味には酢酸があり，鹹味には食塩があるように，うま味（旨味）の代表的なものにはグルタミン酸ソーダ（ナトリウム）がある．

2.1 閾値（いきち）

砂糖を水に溶かし，この液を水で徐々に薄めてゆき，ある所まで薄めて味わってみると，もはや砂糖水であるか，普通の水であるか区別がつかないようになる．このときの砂糖の濃度を砂糖の最低呈味濃度または閾値と称している．

表 2.1 各種の物質の閾値

味	最低呈味濃度（%）
鹹 味（食 塩）	0.2
甘 味（ショ糖）	0.5
酸 味（酢 酸）	0.0012
苦 味（キニーネ）	0.00005
うま味（グルタミン酸ナトリウム）	0.03

表 2.1 のように，食塩は 0.2％水溶液すなわち 500 倍の水で薄めると，食塩水であるか真水であるかの判別がつかないようになる．同じようにショ糖は 200 倍，酢酸は 83,000 倍となる．苦味のキニーネは 200 万倍であり，うま味のグルタミン酸ナトリウムは 3,000～3,500 倍である．苦味や酸味は甘味，しおから味と比較して非常に薄めてもその味を感じる．いいかえれば，苦味や酸味は味として非常にのびが利くものということができる．最低呈味濃度を知ることはその味ののびを知ることで，調味上，参考になるものである．うま味も比較的のびが利くものである．

後述するように，グルタミン酸ナトリウムのうま味は，イノシン酸が共存することにより，その閾値が著しく低下することは興味深い現象である．

2.2 5 味の概要

2.2.1 甘　　味

甘味の代表的なものは砂糖である．砂糖は栄養にも密接な関係があり，優良なエネルギー生産食品である．人間がいかに甘味に執着を持っているかは，甘味の不足した戦中終後の体験者の話からよくわかる．

甘味は万人に好まれる呈味であるが，とりわけ子ども達に好まれる．多くの子どもが菓子を好み，甘味物質を喜ぶ．この場合，子どもは大人よりも甘さの感覚が鋭いようであり，これはおそらく，子どもでは甘味を感じる味蕾(みらい)の分布が広いためであろうと思われる．甘味を感じる味蕾は大人では舌の先端に密集しているが，子どもはさらに広く分布して，頬の内面でも甘味に敏感である．

糖類には一般に甘味が感じられるが，甘味の強さおよび感じは糖の種類によって異なる．最も感じのよい甘味は果糖で，これに次ぐのはショ糖である．糖以外にも甘味を持つ物質が種々知られている．例えば，サッカリンなどは糖とは化学的にはまったく異なる化合物であるが，糖よりもはるかに強い甘味をもっている．

2.2.2　酸　　味

日常われわれが摂取している酸味は，酢酸，乳酸，コハク酸，リンゴ酸，酒石酸，クエン酸などの有機酸味である．これらの酸をpHで表わしてみると，だいたい3.1～3.8の間である．

これらの有機酸類および酸性物質によって食品は微酸性を呈し，またこれは食品の重要な風味となっている．特に酢酸を主成分とする和酢および洋酢は調味料中最も歴史の古いものの一つで調理上重要な役割を果たしている．また清涼飲料，ジュース類，乳酸飲料などの飲物に清涼な感じを与えている．

2.2.3　苦　　味

飲食物の苦味には例えば茶，コーヒー，ココア，チョコレートの苦味，ビールの苦み，八丁みその苦味などがあり，適量の調味された苦味は食品に味の締まりと力を与えるものである．しかし苦味物質単独では風味的に価値があるとはいえない．

2.2.4　鹹味（しおから味）

鹹味の代表的なものは食塩である．昔から“塩加減”という言葉もあるくらいで，飲食物の味に重要な役割を成している．

食塩は他の呈味成分を著しく引き立てるもので，汁粉を作る時に少しの塩を入れると大変にその甘さを増すことなどはその一例である．

酸味や甘味に比べて，塩の味だけは飽きられることがない．また，われわれは鹹味を欠く食事は2回と続けられるものではない．そのことは同時に，食塩が人体に欠くことのできない物質であるということの立証でもある．すなわち，食塩は生体内で重要な生理作用を行っているのである．

生きている細胞の原形質は水を自由に通すが，水の中に溶けている物質はほとんど通さない．このようにある物質を通し，ある物質を通さないような膜を半透膜といっているが，半透膜を通って溶媒が溶液中に侵入する圧力をその溶液の浸透圧（しんとうあつ）といっている．人体の新陳代謝や栄養の運搬などの体内の物質の移動には，血液やリンパ液や細胞液の浸透圧の差が利用される．食塩はこの圧力の釣り合いを保つ役目をしている．

われわれがおいしいと思う吸い物の食塩の濃度はだいたい1%前後で，これが人間の血液の浸透圧にほぼ等しいということは，何か深い意味がありそうである．

以上のように食塩は調理面にも生理的方面にも，われわれが生きていく上に無くてはならないものである．同時に，食塩の過剰摂取は高血圧などの疾患をまねく場合があり，要注意である．したがって後述するようにおいしい減塩調味が求められている．

2.2.5 旨味（うま味）

食物には甘，酸，鹹，苦の4味の他に一種独特の味がある．わが国において古来，だしの味，コンブの味，しょうゆの味として親しまれてきたうま味がそれである．このうま味はコンブのだしに最も明瞭に感じられるところから，1908 年，当時の東京帝国大学池田菊苗教授はこのだしコンブを対象に，幾多の苦心研究の結果，ついにだしコンブはグルタミン酸を含むこと，およびグルタミン酸塩はうま味の感覚を与えるものであるということを発見した．この発見によって初めて，前記 4 味に加えてうま味という味が世に知られるに到り，グルタミン酸ソーダは“味の素”という名前で，うま味の代表的なものとして市販されるようになった．

グルタミン酸のほかに，うま味を呈する物質には今まで知られているものに，イノシン酸，グアニル酸，コハク酸がある．グルタミン酸はコンブ，みそ，しょうゆなどの植物性の食物に多く，コハク酸は貝類に，イノシン酸は肉とか魚などの動物性の食物に多く含まれていて，それぞれの食物のうま味の主成分を成している．

文　献

1) 小原正美，“食品の味”，p.15，光琳書院（1966）
2) 元崎信一，“化学調味料”，p.9，光琳書院（1970）
3) 山野善正，山口静子　編，“おいしさの科学”，p.34，朝倉書店（1994）
4) 熊倉功夫，伏木　亨　監修，“だしとは何か”，p.192，アイ・ケイコーポレーション（2012）

3.　しおから味（鹹味（かんみ））

しおから味には以前“鹹味”という字を用いていたが，これは常用漢字にはなく，“かんみ”という呼び名も日常の会話では使われないものである．から味といってもよいのであるが，日本語では香辛料などのピリピリする感じをからいということが多いので，この香辛料の辛味と混同しやすい．それで，ここでは食塩の味を「しおから味」と呼ぶことにする．

しおから味は多くの食品の味の基本となる．例えばスープを飲む場合に，しおからさが強すぎても飲みにくく，弱すぎると味がボケて，間の抜けたものになり，ちょうど良い範囲はわりあいに狭い．甘味とかうま味は，好まれる範囲が狭くないが，しおから味だけは好まれる範囲が狭く，また個人差も少ない．

本来のしおから味は食塩の味である．純粋にしおからい物質は食塩つまり塩化ナトリウム以外にはない．他の塩類は食塩のようなしおから味を離れて，甘味とか苦味を併せ持っている．例えば鉛（Pb）の塩は甘く，酢酸鉛などは鉛糖と呼ばれる．またマグネシウム（Mg）の塩は苦く，例えば塩化マグネシウムは苦汁（にがり）の主成分である．

3.1　食塩のしおから味

食塩の塩化ナトリウムの塩素イオンがからいのか，ナトリウムイオンがからいのかという疑問を持つ人がいるが，食塩のしおからさはナトリウムイオンと塩素イオンの双方によるもので，片方だけではこの味が出せない．例えば，コハク酸ナトリウムはうま味が強く，グルタミン酸ナトリウムは典型的なうま味の代表で，しおからい味とは遠く離れたものである．また，塩素イオンについても，塩化ナトリウムと化学的性質はよく似ている塩化カリウムの味は苦味と塩味を混ぜたような味であり，塩化リチウムや塩化アンモニウムの味はしおからいことはしおからいが食塩とは異なり，さらに，塩化マグネシウムは苦いばかりである．

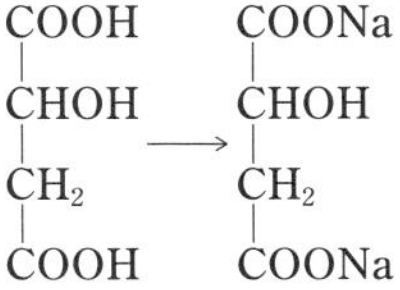

リンゴ酸		リンゴ酸二ナトリウム
COOH		COONa
CHOH	⟶	CHOH
CH_2		CH_2
COOH		COONa

食塩のしおからさに近いものといえばリンゴ酸ナトリウムぐらいのもので，それでも，細かくいえばかなり異質の味である．古くは腎臓病などの食餌療法に無塩しょうゆが用いられ，この際のしおから味には食塩の代わりにリンゴ酸ナトリウムを用いた．現在ではこの種の用途には塩化カリウムが用いられている．

食塩に似たしおから味をもつ有機酸塩としてはリンゴ酸ナトリウム，グルタミン酸カリウム，グルコン酸ナトリウムなどが挙げられるが，食塩と同じ味ではない．味覚には個人差があり，しおからさに対する感覚は女性の方がわずかに鋭敏であるという説もあるが，男性，女性による相違はないという結果も得られている．

3.2　食塩による他の味の増強

食塩が共存すると，アミノ酸，うま味物質，糖などの味覚強度は一般的に増強される．したがって，減塩食がおいしくないのはこのためである．グリシンやアラニンの甘味も食塩の存在によって著しく増強されることが官能テストで確かめられている．

グルタミン酸，イノシン酸，グアニル酸などのうま味も，食塩によって増強されることが，味神経の応答で確認された．

甘さを味わった後では感じやすさが増し，また，ぜんざいを仕上げるときに一つまみの食塩を入れると甘味を増すことはよく知られている．多くの食べ物の味は，アミノ酸，核酸関連物質などのうま味物質と食塩との組み合わせで形成される．食塩は，アミノ酸などのうま味物質の味を引き出す役割を担っている．

3.3 種々の食品と食塩

食塩濃度と味覚の関係についての調査結果によると，0.05%の食塩水の場合には純水と比べて，何か溶けているなという感じる．つまり溶質の存在を感知するが，しおからさは感じない．0.1〜0.15%の範囲ではじめて食塩のしおから味が判別される．すまし汁，みそ汁，スープなどでは食塩量は普通1.0%が適量とされる．食塩量1.0%の水溶液ではその濃度が3%以上変化すると，つまり1.0%が1.03%以上になると，しおからさの変化を感知できる．薄口，から

表 3.1 食品中の食塩量

品　名	食塩（%）（1992年）	食塩（%）（2016年）
食パン	0.7	1.0〜 1.1
普通の汁物	0.8〜 1.2	0.4〜 1.2
普通の煮物	1.5〜 2.0	0.4〜 1.8
バター	1 〜 1.5	1.1〜 1.6
みそ（甘口）	6 〜 7	6 〜 7
みそ（辛口）	12 〜15	11 〜13
たくあん漬	8 〜10	4 〜 5
つくだ煮類	10 〜15	6 〜 8
塩から	15 〜30	17 〜25
しょうゆ	18 〜20	14 〜17
食塩	85 〜99	84 〜99

表 3.2　各種料理における食塩の使用量（%）

日本料理		中華料理		西洋料理	
すまし汁	1.0	酢ぶた	1.5	シチュー	1.0
てんつゆ	3.5	かにたま	1.0	マカロニグラタン	1.0
すきやきのわりした	7.0	五目やきそば	1.0	ハンバーグステーキ	1.0
サトイモの含め煮	1.2	五目うま煮	1.5	スパニッシュライス	0.8
野菜の煮しめ	1.8	シューマイ	0.8	グリンピースバタード	1.2

口など個人の好みの違いがあっても，すまし汁やスープの場合は0.9〜1.2%の範囲におさまる．

種々の食品中の食塩含量を表 3.1 に示した．また，各種の調理における食塩の添加量の目安を表 3.2 に記した．近年ではこれらの数字より若干少なくなる傾向にある．

3.4　減 塩 調 味

しおから味の特徴は，鋭い先味，力強い中味とその持続であり，しおから味の不足は食べ物をボケた味気ないものにする．食品の味の面からみれば食塩を十分使用することが望まれるが，食塩の過剰摂取は健康上の問題が多い．日本における 2015 年の成人の平均食塩摂取量は，男性 11 g/日，女性 10 g/日であるが，厚生労働省の食事摂取基準では，男性 8 g/日未満，女性 7 g/日未満を推奨している．日本高血圧学会や海外ではさらに低く，5 g〜6 g/日未満となっている．

このような中で，厚生労働省では塩分を控えるための 12ヵ条を次のように示している．

① 薄味に慣れる，昆布や鰹節でだしをとることで薄味でも風味豊かでおいしくなる

② 塩分の多い食べ物の摂取量に気を付ける

③ 献立はいろいろな味で工夫し，塩は表面にサッと振りかける

④ かけて食べるよりつけて食べる

⑤ 酸味を上手に使い，献立の味に変化をつける．レモン，かぼすの使用等

⑥ トウガラシ，カレー粉などの香辛料を使う

⑦ ゆず，しそ，鰹節などで薄味のメニュー

⑧ 焼き物，炒ったゴマなどで和えて香ばしさをつける

⑨ 揚げ物，炒め物など油の使用

⑩ 酒の肴に注意（一般に塩分が多い）

⑪ 練り製品，加工食品の塩分の多いものに注意

⑫ せっかくの薄味料理も食べ過ぎないこと

一方，業務用調味料を扱う業界においては，酵母エキス，メイラードペプチド，水産系エキス，タンパク加水分解物，有機酸，糖アルコールなどの使用により，減塩してもしおから味が満足できるとして減塩調味料として発売している．これらに加えて，しょうゆなどの香気成分が減塩に有効であることも明らかにされている．

また，塩化カリウムの使用もナトリウム低減の有力な手段であるが，塩化カリウムの嫌味が大きな障害になっている．この嫌味の低減法として，パセリエキスやD-アミノ酸を含む調味料，アドバンテームやソーマチンなど高甘味度甘味料の使用による方法が開発され実用化されている．

これらの減塩調味料および減塩技術を表3.3に示した．

食品から30％程度単純に減塩した場合，味の強さが失われて，物足りなくおいしさが無くなる．食塩の調味効果は，

①鋭い先味（口に含んだ直後に感じられる味の立ち上がりの速さ）

表 3.3 減塩調味料および減塩技術

減塩技術・減塩調味料	技術の概要と食塩の低減事例
メイラードペプチドの利用	メイラードペプチドと酸性，塩基性アミノ酸を併用したスープ，つゆで 15～25%減塩，中華総菜で 20～25%減塩
水産エキス，かつおぶしエキスの利用	水産エキスで塩化カリウムの嫌味軽減（煮物，干物などで 30～40%減塩），かつおぶしだしとうま味調味料の併用（かきたま汁 30%減塩）
天然抽出物香料の利用（塩化カリウムと香料の併用）	抽出香料による塩味の増強と，塩化カリウムの嫌味を軽減して，食塩様の先味の付与（ソース，スープ他で 30～60%減塩）
パセリエキス成分の利用	パセリエキス成分と大豆レシチンの併用により，塩化カリウムの嫌味（不快味）を軽減（各種加工食品，スープ等で 30～50%食塩分カット）
酵母エキスの利用	酵母エキス（核酸成分と分岐鎖アミノ酸他含有）の 0.1%添加により，麺つゆなどで 30%の減塩
D-アミノ酸の利用	代替塩として有力な素材である塩化カリウムの独特の苦味とエグ味の低減に D-アミノ酸を含む醸造調味料が有効
エリスリトールの利用	エリスリトールを浅漬調味料（4%添加），和風ドレッシング（4.4%添加）へ添加することにより，25%減塩
高甘味度甘味料の利用	アドバンテーム（甘味度30,000），ソーマチン（同3,000～8,000）による，塩化カリウムの不快味低減

②力強い中味（先味の後にくるうま味やフレーバーの発散による厚みのような感覚）

③持続力のある後味（力強い中味がそのまま維持されるような感覚）の 3 つの効果があるとしている

このような食塩の調味効果を，減塩しても保つことができるようにしたものが，減塩調味料である．

減塩調味料の効果と味の感じ方を図 3.1 に示した．

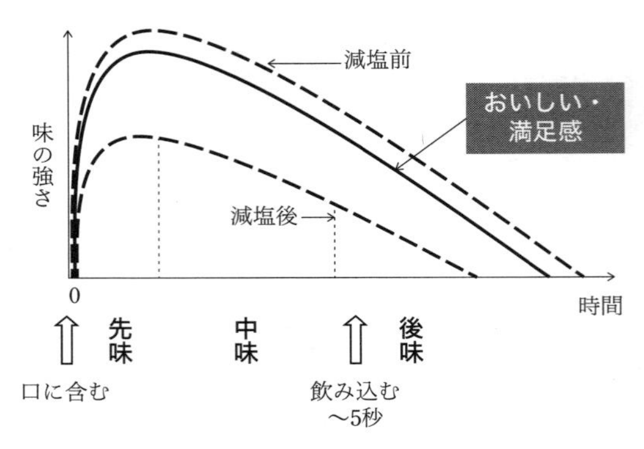

図 3.1　減塩調味の味の感じ方のイメージ

文　献

1)　伏木　亨　編著, “食品と味”, p.48, 光琳 (2003)
2)　特集　“進化する減塩食品の開発”, 食品と開発, **52**(7), 16～23 (2017)
3)　特集　“おいしい減塩プロジェクトⅢ”, 月刊フードケミカル, **372**(4), 21～63 (2016)
4)　宮内大介, “「ソルテイスト」による減塩・低塩食品のおいしさ向上”, 月刊フードケミカル, (8), 36 (2010)

4. 酸　　味

酸味は塩酸，硫酸などの無機酸，酢酸，クエン酸などの有機酸をとわず化学でいう酸に由来する．酸は水溶液中で陽イオンと陰イオンにイオン化し，陽イオンは常に水素イオン H^+ である．酢の中の酢酸についていえば

$$CH_3COOH \rightleftharpoons CH_3COO^- + H^+$$

この H^+ が酸味の本体である．

いわゆる，酸っぱい食品，酢の中には酢酸が，オレンジやレモンにはクエン酸が，リンゴにはリンゴ酸が含まれる．

表 4.1 に代表的な酸の種類と閾値を示した．これらの有機酸の特性を表 4.2 に示したが，表 4.2 にみられるこれらの有機酸の感覚的な酸味度は，水素イオンの解離度（pH）とは必ずしも一致しないものであるが，概して解離恒数の大きいものは酸味が強いようである．

表 4.1　有機，無機酸の閾値

物質名	閾値(%)	物質名	閾値(%)
塩酸	0.0008	グルコン酸	0.0039
リン酸	0.0019	ギ酸	0.0009
クエン酸	0.0019	マロン酸	0.0021
酒石酸	0.0015	マレイン酸	0.0023
乳酸	0.0018	コハク酸	0.0024
dl-リンゴ酸	0.0027	グルタミン酸	0.0030
L-アスコルビン酸	0.0076	グルタミン酸塩酸塩	0.0014
フマル酸	0.0013	ペタイン塩酸塩	0.0022
酢酸	0.0012		

表 4.2　有機酸の特性および呈味

種　　類	化学構造式	分子量	解離恒数*	呈　　味
クエン酸 (Citric acid)	CH_2—COOH | HO—C—COOH　　+H_2O | CH_2—COOH	210.15	8.4×10^{-4}	おだやかで爽快な酸味
d-酒石酸 (*d*-Tartaric acid)	HO—CH—COOH | HO—CH—COOH	150.09	1.04×10^{-3}	やや渋味のある酸味
フマル酸 (Fumaric acid)	CH—COOH ‖ HOOC—CH	116.08	9.50×10^{-4}	爽快な酸味，鋭い濃度の酸味，渋味を伴う
dl-リンゴ酸 (*dl*-Malic acid)	HO—CH—COOH | CH_2—COOH	134.09	3.76×10^{-4}	爽快な酸味，かすかに苦味
コハク酸 (Succinic acid)	CH_2—COOH | CH_2—COOH	118.09	8.71×10^{-5}	コクのあるうまい酸味（異味を伴う酸味）
乳酸 (Lactic acid)	H | CH_3—C—COOH | OH	90.08	1.26×10^{-4}	渋味のある温和な酸味
L-アスコルビン酸 (L-Ascorbic acid)	┌——O——┐　H　H |　　　　|　|　| C—C=C—C—C—C—OH ‖　|　|　|　|　| O　OH OH H　OH H	176.13	7.94×10^{-5}	おだやかで爽快な酸味
酢酸 (Acetic acid)	CH_3—COOH	60.05	1.75×10^{-5}	刺激的臭気のある酸味
D-グルコン酸 (D-Gluconic acid)	OH H　OH OH H |　|　|　|　| HOOC—C—C—C—C—C—OH |　|　|　|　| H　OH H　H　H	196.16	——	おだやかで爽快な酸味 まるみのある柔らかい味

＊　“科学便覧” より（第 1 次解離のみ，25℃）

また，もしも酸味が水素イオンのみによるものとすれば，いずれの酸も同種の酸味を呈するはずであるが，渋味を伴うものとか，苦味を伴うものなど，物質によってその味の種類は多少異なっている．例えばスカッと爽やかなどという酸味はリン酸によるものである．

これは各酸味物質がそれぞれ水溶液中で陽イオンと同時に解離する陰イオンの相違によるものと考えられている．したがって，有機酸の味は分子を構成する OH 基と COOH 基の位置あるいは数などによって支配される．一般に OH 基は軟らかい味を与えるので，OH 基の多い有機酸は豊かな酸味を呈するということになる．

4.1　酸味の強さ

酸味の強さについては，同じモル濃度の種々の酸味物質の味の強さは，その溶液の pH を約 5.0 にするに要するリン酸緩衝液の量に比例するという法則が発見され，その後 pH 5.0 でなくて約 4.4 であることが実験的に証明された．この説は酢酸，リンゴ酸などについて成立することがみとめられている．しかし，この説はすべての酸について認められるものではない．

有機酸の酸味度は実用上は人間の舌を測定器として，その酸味度を測定するのが望ましい．その一つは，酸味の強さを等しく感じる濃度（point of subjective equality，略して，P. S. E.）である．クエン酸とフマル酸およびフマル酸一ナトリウム塩については，フマル酸の P. S. E. は相対的濃度比として，クエン酸 1 に対し，0.5〜0.6 の範囲に，またフマル酸一ナトリウム塩は 1.3〜1.4 の範囲内にあるという．

表 4.3　有機酸 9 種類の P. S. E.（酸味の強さが等しい濃度）

物資名	5 段階濃度における P.S.E.（%），（　）はモル濃度					クエン酸を 100 とした場合の使用基準量
クエン酸	0.0263 (0.125×10^{-2})	0.0525 (0.250×10^{-2})	0.1050 (0.500×10^{-2})	0.2100 (1×10^{-2})	0.4200 (2×10^{-2})	100
酒石酸	0.0186 (0.124×10^{-2})	0.0368 (0.245×10^{-2})	0.0728 (0.485×10^{-2})	0.1440 (0.960×10^{-2})	0.2849 (1.897×10^{-2})	68〜71
フマル酸	0.0146 (0.125×10^{-2})	0.0289 (0.249×10^{-2})	0.0575 (0.496×10^{-2})	0.1144 (0.985×10^{-2})	0.2273 (1.957×10^{-2})	54〜56
リンゴ酸	0.0206 (0.153×10^{-2})	0.0403 (0.301×10^{-2})	0.0792 (0.590×10^{-2})	0.1554 (1.159×10^{-2})	0.3049 (2.273×10^{-2})	73〜78
コハク酸	0.0226 (0.191×10^{-2})	0.0455 (0.385×10^{-2})	0.0919 (0.778×10^{-2})	0.1853 (1.570×10^{-2})	0.3740 (3.167×10^{-2})	86〜89
乳酸	0.0289 (0.321×10^{-2})	0.0570 (0.633×10^{-2})	0.1125 (1.249×10^{-2})	0.2220 (2.465×10^{-2})	0.4382 (4.865×10^{-2})	104〜110
アスコルビン酸	0.0546 (0.310×10^{-2})	0.1103 (0.627×10^{-2})	0.2231 (1.267×10^{-2})	0.4509 (2.561×10^{-2})	0.9114 (5.177×10^{-2})	208〜217
酢酸	0.0188 (0.313×10^{-2})	0.0394 (0.656×10^{-2})	0.0827 (1.374×10^{-2})	0.1734 (2.885×10^{-2})	0.3635 (6.047×10^{-2})	72〜87
グルコン酸*	0.0740 (0.377×10^{-2})	0.1552 (0.791×10^{-2})	0.3255 (1.660×10^{-2})	0.6827 (3.497×10^{-2})	1.4320 (7.297×10^{-2})	282〜341

＊　グルコン酸は約 50%のものを使用したが，100%換算して 2 倍量使用しているのでこの値は純度 100%とみなしての算出である．

食品添加物として認可されている 9 種類の有機酸について，一般食品に使用される濃度範囲における P. S. E. を測定し，クエン酸と他の有機酸との酸味が 1 次関数で表わされることが見出され，その関係式にもとづいて，同一呈味となる有機酸の使用濃度を算出した結果は表 4.3 のとおりである．

表 4.3 にみられるように，コハク酸とグルコン酸を除いた 6 種類の有機酸について，P. S. E. におけるモル濃度の低いものは解離恒数の大きいものである．酸味はもちろん溶液の緩衝能などに影響される．

表 4.1 に示したように酸味および苦味の閾値は，甘味およびしおから味の閾値よりもかなり低い．

毒物や腐敗した食物は多少の例外はあるが一般に苦味あるいは酸味を持っているため，それらを誤って食べることがないように，人間は本来これらの呈味物質に対して敏感にできているのだと思われる．より安全で，かつ栄養となる甘味（糖分），しおから味（食塩）に対しては人間は鈍感である．

酸味は温度の上昇とともに増加する．したがって，酸味のある食物や飲料は温かいと一層酸っぱく感じる．

4.2　酸味と食品

酸味に対する他の味の影響については，稀薄な塩酸溶液に対し表 4.4 のような結果が得られている．

酸味を強調する苦味物質とその飲料の例として表 4.5 のようなものを挙げることができる．

なお，レモンもオレンジもその酸類はほとんど同じものであるが，表 4.6 に示すように糖との比率が違うために，それぞれの酸味

表 4.4 酸味に対する他の味の影響

	閾値の変化
3%砂糖溶液	15%下がる
3%砂糖溶液と同じ甘さのサッカリン溶液	15%以上下がる
食　塩	下がる
キニーネ	上がる
タンニン	上がる

表 4.5 酸味を強調する苦味物質とその飲料の例

酸味を強調する苦味物質	飲 物 例
ヘスペリジン，ナリンジン	レモネード，オレンジエード
ニガヨモギ，オランダゼリの種子	アプサン酒
タンニン	リンゴ酒，ブランデー
ホップ	ビール
カフェイン，ティン	コーヒー

に特徴がある．表 4.6 において，酸はクエン酸とし，m 印のみリンゴ酸としてある．

酸味はしおから味と同様，飲食物の不可欠要素で，日常われわれが摂取する食品は，その中に存在する有機酸類および酸性物質により微酸性を呈し，食品に重要な風味を与えている．特に酢酸を主成分とする和酢および洋酢は，調味料中で古い歴史のあるもので，調理上重要な役割を果たしている．

適度な酸味は，酸味を付与して食品をおいしくするだけでなく，食欲の増進や，消化酵素の分泌を促し消化吸収を助ける効果が認められている．特に，梅干の効用が有名であるが，これは梅に含まれるクエン酸やリンゴ酸によるものである．

また，酸味料により食品の pH が下がり，微生物の生育や増殖が

表 **4.6** 種々の果物中の酸と糖分

果実名	糖分(%)	酸(%)	果実名	糖分(%)	酸(%)
リンゴ	10.5	0.52m	レモン	2.0	5.0
ブラックベリー	6.0	1.13	ライム	1.4	6.9
ブルーベリー	12.4	0.19	オレンジ	9.0	1.0
サクランボ	9.1	0.19	パイナップル	12.0	1.0
グレープフルーツ	8.5	1.60	プラム	13.0	0.2
ブドウ	16.8	0.8 m	イチゴ	3.63	1.0

抑えられる．古くから酢でしめることなどにより食品を長持ちさせる知恵がある．すし，サラダなどでも味だけでなく酸による腐敗抑制に役立っている．これらはpH調整剤としての用途である．食酢の主成分である酢酸は特異的な微生物への増殖抑制作用があることも認められている．

酸味料には緩衝能力の強いものが多く，食品の品質の安定化に有益である．また，金属キレート作用を有し，食品の劣化防止や風味の安定化に効力を発揮する．

文献

1) 古川秀子，“有機酸の酸味”，月刊食品，**13**(6), 57 (1969)
2) 岩間保憲，“食品添加物としての酸味料―それらの特徴とそれを活かした用途について―”，月刊フードケミカル，(6), 72 (2015)

5. 甘　味

甘味を呈する化合物は極めて数が多いが，そのうちで最も代表的なものは砂糖やブドウ糖であろう．これらはカロリー源としても重要なものである．甘味を主体とする食品とそのショ糖などの含量を表 5.1 に示した．

表 5.1　甘味食品中のショ糖などの分析例

品　名	ショ糖（%）	合計（%）
みかん濃縮還元ジュース	5.4	9.5
加糖紅茶ストレート	1.6	3.5
アイスクリーム高脂肪	15.1	20.4
アイスクリーム低脂肪	4.9	11.6
コーヒー微糖	1.2	1.2
水ようかん	29.2	29.8
練ようかん	49.8	50.3
ミルクチョコレート	36.2	47.5
いちごジャム	49～63	64.6

注）合計（%）は，ショ糖＋ブドウ糖＋果糖＋乳糖

鉛やベリリウムの塩には甘味を呈するものがあるが，これらは毒性その他の問題で実用性はない．一般に広く使用される甘味料は表 5.2 に示したようなもので，糖類が多いが，いわゆる人工甘味料と呼ばれるものも含まれる．

5.1　糖類の甘さ

糖類の種類は極めて数が多いが，これらは程度の差はあるが甘味を呈するものが多い．一般の単糖類にはすべて甘味があり，二糖類もショ糖をはじめとして甘味があるが，乳糖のように弱いものもある．

糖は環状構造をとっており，その水溶液は旋光性を持ち，α 型と β 型では甘味度が異なることが知られている．また，甘味度は測定

表 5.2　主要な甘味料の分類と甘味度（数値は砂糖を 1.0 としたときの甘味度）

区分	分類	甘味料名（甘味度）
糖質系甘味料		砂糖（1.0）
		フラクトース（1.1〜1.78）
	デンプン系糖質	グルコース（0.6〜0.7），マルトース（0.5），水あめ（0.4） 異性化糖（0.9〜1.2）
	糖アルコール	ソルビトール（0.6），マンニトール（0.6），マルチトール（0.8）
		エリスリトール（0.8），キシリトール（1.0）
	その他	ラクトース（0.16〜0.27），はちみつ（1.3），ラフィノース（0.2） トレハロース（0.5）
		パラチノース（0.4），フラクトオリゴ糖（0.6），ガラクトオリゴ糖（0.4），大豆オリゴ糖（0.7），乳果オリゴ糖（0.6）
非糖質系甘味料	天然甘味料	ステビオシド（250），グリチルリチン（250），ソーマチン（2,000） フィロズルチン（250），モネリン（3,000）
	人口甘味料	サッカリン（200），アスパルテーム（200），アセスルファム K（250） スクラロース（600），アドバンテーム（30,000），ネオテーム（10,000）

法や濃度，温度によって異なるため，一定の範囲になることが多い．多糖類には無味のものが多い．砂糖とショ糖の用語については，砂糖は調味料の名前でショ糖は成分の名前である．

5.2　甘味の特性

表 5.2 に示したような各物質を味わってみると，いずれも甘いことは甘いが，それぞれ甘さの強さが異なり，また甘さの性質にも種々の違いがある．例えば，酸味を伴う甘味，苦味を伴う甘味など，味の種類に関するもの，口に含んだ瞬間から後味および残存

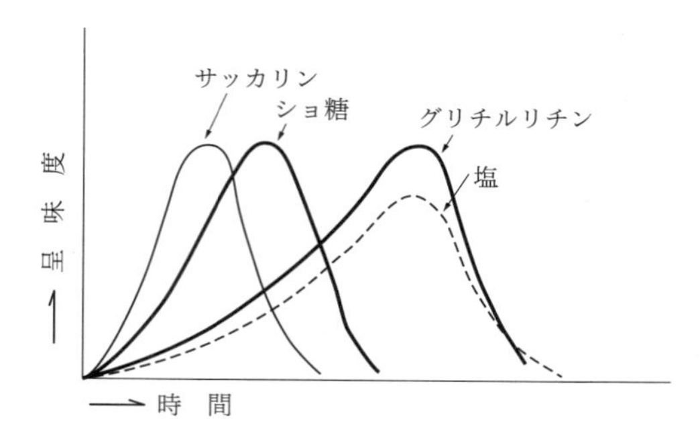

図 5.1　各種甘味物質の甘味の発現と時間の関係

効果に到るまでの印象の時間的変化に関するもの，その他ボディー（body），マウスフルネス（mouthfulness）などと呼ばれる広がりの要素などの相違がある．例えば，サッカリンは苦味があり，ショ糖に比べ，ボディーがなく，後味に持続性がある．カルコン類は味の現われる速さが遅いが，その代わり持続性で残存効果が大きい．グリチルリチンは後味に嫌味があり，苦味を伴うアクの強い甘味である．また，グリチルリチンは呈味の発現が図 5.1 に示すようにショ糖に比べて遅い．この特徴は呈味の発現が食塩のそれと一致し，塩慣れ効果を持つと一部では PR されている．

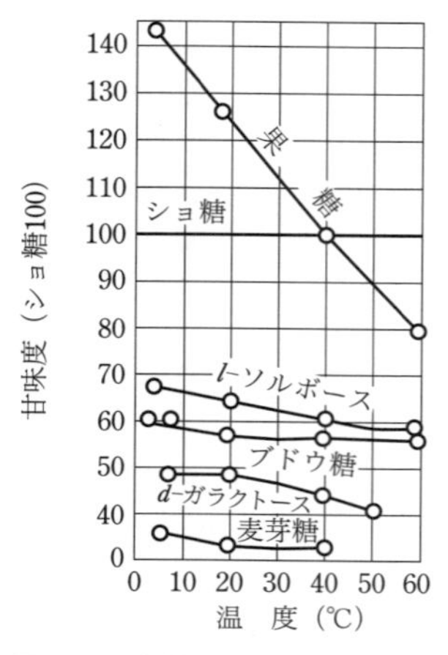

図 5.2　各糖の温度による甘味度の変化

甘味度は温度によって相違がある．種々の糖の温度による甘味度の変化をみた結果を図 5.2 に示した．図 5.2 では各温度におけるショ糖の甘さを 100 として示してある．例えば果糖はショ糖に比べ，0℃では 1.4

倍甘いが，60℃では 0.8 倍となる．果糖の多い果物を冷やして食べると甘く感じるのはこのせいである．

5.3　甘味の強さ

呈味力の強弱をみるのに最も簡単なものは刺激閾の測定である．

閾値の測定は量的には少なくて済み，また簡単であるが，どうも見方が局所的である．それで，甘味強度の評価のためにはショ糖を基準物質として，相対的な甘味度で表わすと実際的で便利である．図 5.3，図 5.4 は代表的な甘味物質との等価濃度（同等な甘味の強さを示す濃度）を測定した結果である．これらの図で，例えばグルコース（ブドウ糖）は濃度とともにショ糖に対する呈味力が少し増加するが，サッカリンではある程度になると上昇の程度が次第に減

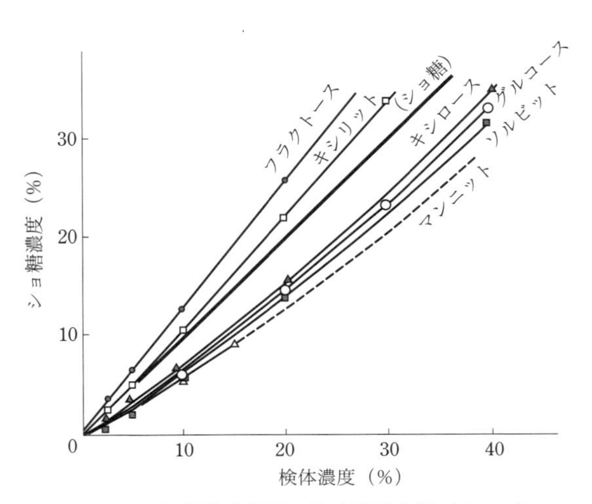

図 5.3　各種甘味物質の甘味強度曲線（その 1）
（ショ糖との相対的甘味度で表わしたもの）

少し，0.1%程度で平らになってしまう．つまり，それ以上の甘味を出すことができない．

図 5.3，5.4 に示したような種々の甘味物質とショ糖の関係が，他の呈味成分が共存する時にも成り立つかという問題があるが，ここに示した甘味物質については，食塩，有機酸，グルタミン酸ナトリウム，イノシン酸ナトリウムなど，一般的な呈味成分の共存下でも，その関係はほとんど変わらない．しかし，今は使用が禁止されてしまったが，サイクラミン酸ナトリウムは食塩や有機酸が存在すると，ただの水に溶かした場合よりも強い甘味度となる．

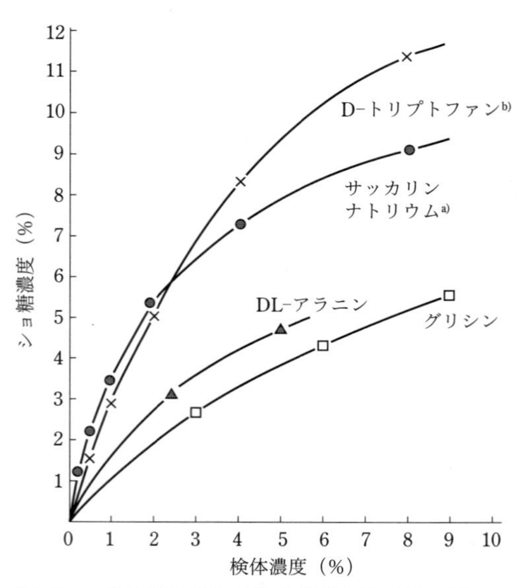

図 5.4　各種甘味物質の甘味強度曲線（その 2）
（ショ糖との相対的甘味度で表わしたもの）
a）検体濃度（%）の 1/100
b）検体濃度（%）の 1/2

5.4 糖類以外の甘味を持つ物質

糖類以外にも甘味を呈する物質は少なくない．それらのいくつかは甘味物質として実用されている．代表的な甘味物質とその甘味度は表 5.2 に示した．

5.4.1 アミノ酸類

天然のアミノ酸ではグリシン，アラニンは甘く，セリンやスレオニンはわずかに甘い．アミノ酸が甘味を持つことが発見されたのは 1886 年で，L-アスパラギンはまずい味であるが，D-アスパラギンは甘味を持つことが見出された．これは，光学異性体が異なる味を持つことの最初の発見でもある．表 5.3 は各種のアミノ酸の光学異性体の味を調べた結果である．ここで改めて述べるまでもないが，天然のアミノ酸は L-系である．D-系アミノ酸には甘いものが多い．

表 5.3 アミノ酸の味

アミノ酸	L-系	D-系	ア ミ ノ 酸	L-系	D-系
アラニン	甘	強甘	オリニチン	苦	弱甘
セリン	微甘	強甘	リジン	苦	弱甘
γ-アミノ酪酸	微甘	甘	アルギニン	微苦	弱甘
スレオニン	微甘	弱甘	アルパラギン	無味	甘
ノルバリン	苦	甘	フェニルアラニン	微苦	甘
バリン	苦	強甘	トリプトファン	苦	強甘
イソバリン	弱甘	甘	チロシン	微苦	甘
ノルロイシン	微苦	甘	3-Sulfotyrosine	微苦	強甘
ロイシン	苦	強甘	3-Sulfo-5-iodotyrosine	微苦	甘
イソロイシン	苦	甘	3,5-Disulfotyrosine	微苦	甘
メチオニン	苦	甘	3-Bromotyrosine	苦	強甘
ヒスチジン	苦	甘	3,5-Dibromotyrosine	微苦	微甘

5.4.2 ペプチドおよびタンパク質

1969年にMazurらは胃液分泌ホルモン，ガストリンを合成中に，α-L-アスパルチル-L-フェニルアラニン-メチルエステル，略してAPMが強い甘味をもつことを発見した．APMの甘味度はショ糖の100〜200倍で，まろやかな甘味を呈する．

甘味に限ったことではないが，一般に呈味物質は分子量が比較的小さい化合物が多かったが，最近，タンパク質で強い甘味を呈するものが見つかっている．

モネリンは西アフリカ原産の通称wild red berry, guinea potato, serendipity berryなどと呼ばれている植物（*Dioscoreophyllum cumminsii*）は，直径1cmぐらいの赤い実をブドウの房状に1房に50〜100個つける．この果実は非常に甘く，ナイジェリアの原住民が常食している．最近，この果実から分子量10,700でショ糖の3,000倍の甘味を持つタンパク質が単離され，その研究所の名にちなんで，モネリン（monellin）と命名された．このモネリンは甘味が強く，一度口に含むとその甘味は1時間以上持続するという．モネリンはアミノ酸が約91個からなる単純タンパク質であることがわかっている．

モネリンの場合と同じく，西アフリカ原産の通称miraculous fruit, miraculous berryなどと呼ばれる植物（*Thaumatococcus danielli*）の果実は甘く，この地方の原住民はパン，果物などに甘味を付けたり，ヤシ酒，果汁飲料の酸味を和らげるのに用いている．この果実から甘味を持つタンパク質が分離され，ソーマチン（thaumatin）と名づけられた．このソーマチンは分子量が約21,000で，ショ糖の2,000〜8,000倍の甘味を呈し，カンゾウ様の後味を持っている．またソーマチンはチョウセンアザミ（artichoke）と同様の味覚変革作用（85ページ参照），すなわち，この植物を食べた後，水を飲むと水が甘く感じられるという作用を併せ持つことが指摘されている．

5.4.3 その他

サイクラミン酸ナトリウム，ズルチン，サッカリンのような合成品やシソ中のペリラルチン，カンゾウ中のグリチルリチン，Stevia 属の小灌木の葉から抽出したステビオシドなどは，いずれもショ糖の数十倍あるいは数百倍以上の甘味を持っている．しかし，これらの化学構造はそれぞれ著しく異なっており，これらの味と化学構造を結びつけることは難しい．

5.5 甘味の足し算

甘味剤は幾種かを混合することにより，呈味力を強めたり，質的な欠点を相補うことができる．

2 種類の甘味料を混合するとき，例えばグルコース 10%液とサッカリン 0.01%の溶液は図 5.3〜4 からショ糖濃度に換算すると

グルコース	10%液＝ショ糖	6.5%
サッカリンナトリウム	0.01%液＝ショ糖	3.5%
合　計	ショ糖	10.0%

ということになるが，実際はショ糖 11.7%に相当する．

またグリシン 3%，ショ糖 3%の液は

グリシン	3%液＝ショ糖	2.7%
ショ糖	3%液＝ショ糖	3.0%
合　計	ショ糖	5.7%

ただの足し算ならば前述のようになるが，実際はショ糖 4.5%と同等である．

同種の味の相互作用（81 ページ参照）について，例えば甘味の場合に次のような考え方をする．2 種の甘味物質を A, B, その濃度をそれぞれ a%, b%とする．これらを混合した時に甘味の強さはどうなるか？という問題である．

まず，図 5.5 において B 物質の甘味曲線上に b 濃度の甘さを求

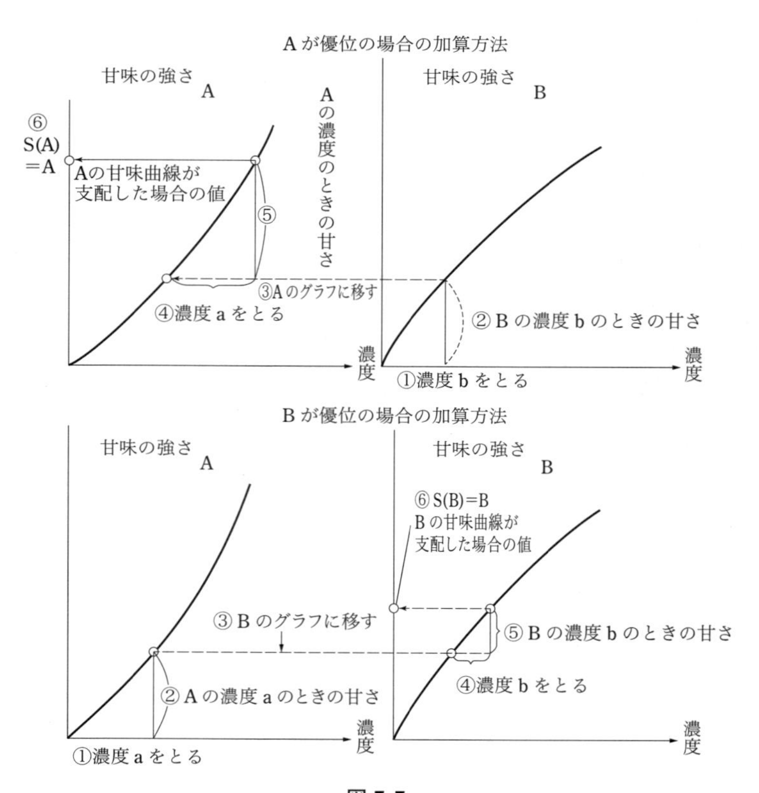

図 5.5

め，それをA物質の甘味曲線上に移動する．その甘さの上にA物質の濃度a分の甘さを上乗せする．この甘さの値をS（A）とする．この甘さはA，B両物質の甘味を混ぜるとAの甘味曲線に従って味を感じたと想定したものである．

まったく同様にB物質の甘味曲線上で，A，B両物質を混合したときの甘さS（B）を計算する．これはBの甘味曲線に従って味を感じたと想定したものである．

S（A）とS（B）の値は必ずしも同じにはならない．普通は異なる値になる．

以上は理論上の話であるが，実際にAとBを混合したものの甘味を前述の方法に従って測定して，Sという値を得たとする．

もし，SがS（A）かS（B）に一致したら相加効果

SがS（A）またはS（B）のいずれよりも大きければ相乗効果

SがS（A）とS（B）の中間になれば混合効果

SがS（A）やS（B）のいずれかよりも小さければ抑制効果または相殺効果

と呼ぶことにする．

砂糖とブドウ糖を混合する場合は表5.4①のような結果になる．すなわち，①で砂糖がA，ブドウ糖がBであって，最上段は砂糖3%とブドウ糖5%を混合したときの値，次段は砂糖5%とブドウ糖10%を混合したときのものである．最上段の場合，砂糖とブドウ糖を混合した甘味が砂糖の甘味曲線に支配されたと仮定すると，混合味の甘さは砂糖の甘味換算で5.9%の砂糖に相当する．また，両者を混合した甘味がブドウ糖の甘味曲線に支配されたと仮定すると，砂糖換算で6.6%の強さとなる．

実際のブドウ糖と砂糖の混合液の甘さを砂糖単独の甘さと比較して，等価点を求めてみると6.6%となり，後者の値に一致する．こ

表 5.4 混合甘味の効果

① 砂糖とブドウ糖をまぜる

A 砂　糖	B ブドウ糖	砂　糖 換　算	計　算　値 S (A)	 S (B)	実測値 S	結　果
%	%					
3	5	(2.9)	5.9	6.6	6.6	相加効果（ブドウ糖優位）
5	10	(6.5)	11.5	12.9	12.8	
10	5	(2.9)	12.9	14.1	14.2	
10	10	(6.5)	16.5	18.4	18.4	

② 果糖とサッカリンをまぜる

A 果　糖	B サッカリン	計　算　値 S (A)	 S (B)	実測値 S	結　果
%	%				
5	0.01	9.9	7.4	12.0	相乗効果
5	0.02	11.8	7.7	14.3	

の場合には，砂糖とブドウ糖との間には呈味上，相加効果がみとめられ，その甘味曲線はブドウ糖の曲線に従うことになる．この場合ブドウ糖優位の相加効果という．

果糖とサッカリンを混合する場合は表 5.4 ②で，果糖が A，サッカリンが B である．最上段の場合，果糖とサッカリンを混合した甘味が果糖の甘味曲線に支配されたと仮定した場合，混合味の甘さは砂糖の甘味に換算すると砂糖 9.9% に相当する．また，両者を混合した甘味がサッカリンの甘味曲線に支配されたと仮定すると，砂糖換算で 7.4% となる．

実際の混合液の甘味の強さは砂糖換算で 12.0% となり，いずれの甘味曲線に支配された場合よりも大となる．すなわち，果糖とサッカリンの間には呈味の相乗効果が存在することになる．

いろいろな甘味物質について，計算と実測をつき合わせてみると，表 5.5 のようになる．

表 5.5 各種甘味物質の間の相互作用

B＼A	ショ糖	フラクトース	グルコース	キシロース	ソルビット	キシリット	マンニット	サイクラミン酸 Na	サッカリン Na
ショ糖		×	⊕	⊕	⊕	⊕	⊕	×	＋
フラクトース	×		⊕	⊕	⊕	⊕	⊕	×	×
グルコース	＋	＋		∽	∽	＋	∽	＋	＋
キシロース	＋	＋	∽		∽	＋	∽	＋	＋
ソルビット	＋	＋	∽	∽		＋	∽	＋ または ×	＋
キシリット	＋	＋	⊕	⊕	⊕		⊕	×	×
マンニット	＋	＋	∽	∽	∽	＋		＋ または ×	＋ または ×
サイクラミン酸 Na	×	×	⊕	⊕	⊕ または ×	×	⊕ または ×		×
サッカリン Na	⊕	×	⊕	⊕	⊕	×	⊕ または ×	×	

ただし，×は相乗効果，⊕，＋，∽はそれぞれ A 優位，B 優位，同形の相加効果を表わす．

表 5.5 にみられるように甘味物質の組合せは多くの場合は相加効果が成立する．相乗効果を起こさせる組合せもいくつかあるが，その程度はいずれもそれほど大ではない．この表にはないが，サッカリンとグリシンなど，いくつかのアミノ酸の場合にはいくらかの相乗効果がみとめられている．普通の甘味物質には抑制あるいは相乗効果はないようである

文 献

1) 有吉安男，“味と化学構造”，化学と生物，**12**，150，200，250 (1974)
2) 山口静子，“甘味物質の感覚的側面”，バイオテク，**3**(8)，636 (1972)
3) 伊藤 汎，小林幹彦，早川幸男，“食品と甘味料”，p.8，p.305，光琳書院 (2008)
4) 山本 茂，“おやつと飲料類の単糖，二糖類含有量”，日本栄養士会雑誌，**52**(4)，22 (2009)
5) 竹市仁美ら，‘市販製菓類の単糖，二糖類含有量’，日本栄養士会雑誌，**53**(1)，23 (2010)

6. 苦　　味

苦味はいうまでもなく苦い味である.「苦虫を噛みつぶしたよう」とか「苦言」とか「興もさめて，こと苦うなりぬ」などというように，苦いという言葉は，本来の舌に快くない味を感じることから，面白くない，苦々しいことに転じ，また「苦い経験」などのように辛い，苦しいことの意味に用いられている．一方，「苦みばしったいい男」などというときは顔つきが引き締まって凛々しい様であることを示している．実際に苦味はそのままでは決して良い味ではないが，味に複雑さを持たせる点で重要な意義を持っている．いわば「苦みばしったいい男」というような感じを食品に与える．例えば，コーヒーやココアの苦味，チョコレートの苦味，あるいは日本茶の苦味などは，苦味を除外しては考えられないものである．ビールにはホップの苦味が必要であり，火酒キュンメルにオランダゼリ（パセリ）の種子が使われ，アブサンにニガヨモギが用いられたりするのもそれらの苦味が利用されているわけである．

6.1　種々の苦味物質

苦味を持っている物質は数多くあり，なかには猛アルカロイドのような猛毒のものもある．われわれが苦味を好まないのは，この種の毒物に対する警戒の意味があると思われる．例えば，表 6.1 に示したように苦味物質の閾値は極めて低い．

有用な苦味物質としては，茶やコーヒーの苦味のカフェイン，ココアやチョコレートのテオブロミン，ナツミカンやグレープフルー

表 6.1　苦味物質の閾値

苦味物質	閾値(モル濃度)
硫酸キニーネ	0.000008
塩酸キニーネ	0.00003
塩酸ストリキニーネ	0.0000016
カフェイン	0.0007
テオプロミン	0.005
硫酸マグネシウム	0.0046
フェニルチオ尿素	
常　人	0.00002
味盲者	0.008

ツのナリンジン，ビールのホップなどが挙げられる．ホップ中の苦味成分はフムロンとルプロンである．コーラタイプの飲料にはカフェインを添加する．

胆汁に含まれる胆汁酸も苦い．レバーや魚のはらわたの苦さはこれに由来している．

無機質ではカルシウム，マグネシウムの塩は苦味を持つ．例えばその名のとおりの“にがり”の主成分は塩化マグネシウムである．

L型の疎水性アミノ酸およびこれらを含むペプチドも苦味を呈する．

苦味は酸味を引き立たせる．

苦味は一般に温度が低い方がよく感じられる．146 ページの図 15.3 に示したように，酸味などは温度が高い方が強く感じられる．ビールの冷やし方について，10℃くらいが飲む適温だといわれるのは，結局，ビールの味として 10℃辺りが最もバランスが良いということである．

6.2　味　　盲

表 6.1 に示した苦味物質の例の中にフェニルチオ尿素（phenylthiocarbamide）がある．多くの人々はこれを非常に苦く感じるが，10 人のうち 1〜3 人はこれをなめても味を感じない．これは 1932 年に A. L. Fox がこの現象を発見し，このフェニルチオ尿素

を苦いと感じない人々を味盲（みもう）と呼んだ．ここでいう味盲とは，このフェニルチオ尿素の苦味を感じない人をいうのであって，これらの人々も，その他の味に対しては完全に正常なのである．したがって，日常生活にはまったく支障はない．よく，私は味盲だから料理はだめだとかいう人がいるが，世の中には生来何の味も感じない人は極めて稀で，本当に何の味もわからないという意味の味盲者は存在しないといってもよい．

このフェニルチオ尿素を 0.00002 モル濃度で苦いと感じる人（常人）とこれを苦いと感じない人（いわゆる味盲者，ただしこれらの人々も 0.008 モル濃度ならば味を感じるようである）の比率，つまり味盲者の混在率は人種によってほぼ一定していると報じられている．例えば，欧米の白人では約 30％であるが，北米のインディアンでは 6％に過ぎない．日本人では 22％程度である．この味盲はコーカサス人に始まり，混血により全世界に広まったといわれ，メンデルの劣性形質として遺伝される因子である．血液型には関係がない．

6.3　苦味抑制物質

桂木は，リン脂質の一種であるホスファチジン酸とホスファチジルイノシトールが，苦味を選択的にマスキングすることを見出した．リン脂質は生体膜を構成する成分であり，分子内に親水基と疎水基を持つため，パン，菓子，ケーキなどの乳化剤として使用されている．

このリン脂質とタンパク質複合体（リポタンパク質）に着目して，苦味の抑制について検討した結果，「ホスファチジン酸–タンパク質複合体（PA–LG）」が，甘味，塩味，酸味に影響することなく，苦味を選択的に抑制することを見出した．

この苦味抑制の機構は，PA-LG が，味受容膜の疎水部位に吸着して苦味の応答を抑制することと，疎水性の苦味物質が PA-LG に吸着することによって，苦味受容サイトを刺激できなくなるためであるとしている．そして，甘味，塩味，酸味を呈する物質が影響を受けないのは，それらが親水性であるためである．

以上の結果を応用して，大豆由来のレシチンを原料にし．エタノール分別法と酵素分解法により，「苦味マスキング剤」が製造されている．これらの苦味マスキング剤は，各種植物抽出物やビタミン類，腸内細菌を含む健康食品，菓子類などの苦味をなくする目的で使用されている．

文　献

1) 伏木　亨　編著,“食品と味”, p.36, 光琳 (2003)
2) 桂木能久,“苦味だけを選択的に抑制するリン脂質”, 化学と生物, **35**(7), p.491 (1997)

7. う　ま　味

うまいというのは“味がよい”ということで“美味い”とか“旨い”という字が使われている．甘，酸，鹹，苦は東西に共通して4原味といわれていた．しかし，肉類，あるいはコンブやかつおぶしのだし汁には独特のうま味があり，このうま味は上記4原味のどれにも属さないし，4原味を種々に配合してもこのうま味にはならないので，4原味の他に，このうま味を加えて，5原味と呼んでいる．

うまい（旨い）の名詞形は“旨み（旨味)”であり，主観的評価に基づくものである．一方，“うま味”は，5原味の一つであり，生理学的，客観的評価である．英語でも“UMAMI”という．

7.1　うま味について

このグルタミン酸などの“うま味”を独特の味とみとめるかどうか，第5の基本味とみて良いかどうかには疑問を持つ人もいるだろう．特に欧米の学者にはグルタミン酸ナトリウムの効果を flavor enhancer（風味強調物質）とか flavor potentiator と考えて，独自の味ではないという人が少なくない．しかし，フレーバーの定義やうま味の定義も人によってかなりの開きがあり，元来，うま味に相当

小幡弥太郎教授によれば，“うまい”という言葉は中国の umei にはじまった外来語で，“美し”，“よし”の意味を持っていたが，日本に伝わって美味の意味を持つようになった．『古事記』『常陸国風土記』『竹取物語』などに「うまし道あらむ」，「うましき世に」などと使われている．“おいしい”は“いし”という古語に“御”の字がついたもので，『源平盛衰記』に「いしい，いしいとほめられたり」などと出ている．現代では，男が“うまい”，女が“おいしい”という言葉を使っているようであるが，実際はそう限ったものではなくて，平安の頃に藤原の子女も“うまい”という言葉を使っている．

する適当な英語がなかったが，1997年にうま味が第5番目の味であることが国際的に認められて，うま味は“UMAMI”と表現されることになった．

7.2 うま味物質

うま味物質にはグルタミン酸，イノシン酸などをはじめとして表7.1に示すような各種の物質が知られている．

7.2.1 グルタミン酸

東京帝国大学理学部の池田菊苗教授は，湯どうふなどに使うコンブのだしがうまいことに着目し，だしコンブ10貫匁（37.5 kg）から30 gのグルタミン酸を分離した．そのナトリウム塩が非常にうま味を持っていることを発見し，このグルタミン酸ナトリウムを調味料として用いることについて1908年（明治41年）に特許14805号を得た．

グルタミン酸は元々ドイツ人Ritthausenによって1866年，小麦のグルテンから分離されたアミノ酸で，このGlutaminsäureの名もGlutenに由来しグルテン中のアミノ酸の意である．その後1869年に，この味についてFischerが，まずくて弱い酸味を呈すると述べていて，そのうま味には気がつかなかったようである．

池田教授の特許を工業化したのが，鈴木三郎助，忠治の兄弟で，グルタミン酸ナトリウムを“味の素”の名で生産，販売したのは1909年（明治42年）であった．グルタミン酸ナトリウムはmonosodium glutamate，略してMSGと書かれる場合がある．グルタミン酸にはD−体とL−体とがあり，天然のものはL−体で，D−体のものは味がない．

表 7.1　うま味物質とその閾値

群	物質	構造	閾値
第1群	L-グルタミン酸	$HOOC \cdot (CH_2)_2 \cdot CH(NH_2) \cdot COOH$	0.03%
	L-アスパラギン酸	$HOOC \cdot CH_2 \cdot CH(NH_2) \cdot COOH$	0.16
	DL-α-アミノ-アジピン酸	$HOOC \cdot (CH_2)_3 \cdot CH(NH_2) \cdot COOH$	0.25
	DL-スレオ-β-オキシグルタミン酸	$HOOC \cdot (CH_2) \cdot CH(OH) \cdot CH(NH_2) \cdot COOH$	0.03
	L-ホモシステイン酸	$HO_3S \cdot (CH_2)_2 \cdot CH(NH_2) \cdot COOH$	0.015
	トリコロミン酸	H_2C—CH—CH—COOH │　　│　　│ O=C　 O　 NH_2 ＼ ／ N H	0.005
	イボテン酸	HC═CH—CH—COOH │　　│　　│ O=C　 O　 NH_2 ＼ ／ N H	0.005
第2群	テアニン	H_5C_2—HN—OC—$(CH_2)_2$—CH—COOH │ NH_2	0.15
	コハク酸	$HOOC \cdot (CH_2)_2 \cdot COOH$	0.055
第3群	5′-イノシン酸	OH · C N　C—N │　‖　CH HC　C—N　　O　　CH_2—O—P=O (OH, OH) N　　└──C　　　CH H　H　H C—C │　│ OH　OH H　H	0.025
	5′-グアニル酸	OH · C N　C—N │　‖　CH $H_2N \cdot$C　C—N　　O　　CH_2—O—P=O (OH, OH) N　　└──C　　　CH H　H　H C—C │　│ OH　OH H　H	0.0125

L-グルタミン酸ナトリウムの閾値は0.03%で，これを砂糖（0.5%）および食塩（0.2%）と比較すると，非常にのびの良い呈味物質であることがわかる.

L-グルタミン酸ナトリウムと他の呈味成分，しおから味，酸味，甘味，苦味，うま味との関係は次のとおりである.

i）しおから味…しおから味を緩和し，共同作用によって食物の味を強める作用がある.

ii）酸味…酸味を緩和する.

iii）甘味…複雑な“コク”を出す.

iv）苦味…苦味を減少させる.

v）うま味…イノシン酸ナトリウム，グアニル酸ナトリウムなどの，うま味を持つヌクレオチドとの間に味覚上の相乗効果があり，うま味を増大する.

一般にグルタミン酸ナトリウムは食品が持つ自然の風味を引き出す作用があるといわれる（風味高揚説）. 合成酒やブドウ酒に閾値以下の量（0.015～0.03%）を使用しても，非常に有効であるのもそ

表 7.2　天然食品中の遊離 L-グルタミン酸含量（mg/100g）

食品名	L-グルタミン酸	食品名	L-グルタミン酸
利尻昆布	2,240	牛すね肉	11
かつおぶし	26	豚ヒレ肉	23
煮干し	50	鶏ガラ	40
イワシ	80	マッシュルーム	180
サンマ	36	しめじ	114
ビンナガマグロ	5	しいたけ（生）	67
ブリ	9	ブロッコリー	171
赤貝	151	トマト	140
ウニ	192	白菜	100
車海老	43	一番茶	668
あさくさのり	640	大豆	66

の一例である．L-グルタミン酸は表 7.2 に示すようにほとんどすべての動植物食品に含まれており，各食品の基本的呈味成分となっていることは間違いない．

7.2.2　イノシン酸

イノシン酸は 1847 年にドイツのリービッヒ（Liebig）によって牛肉エキスから分離された．その後，1895 年にその化学構造も判明した．

イノシン酸の呈味性については，グルタミン酸のうま味の発見者である前述の池田教授の高弟にあたる小玉新太郎博士が 1913 年に，かつおぶしエキスの研究から発見した．グルタミン酸のうま味が見出されてから 5 年後のことである．当時の小玉博士の研究では，イノシン酸とともに大量のヒスチジンが，かつおぶしエキスから見出され，そのため同博士は，かつおぶしのうま味はイノシン酸のヒスチジン塩であると提唱した．しかし，この点については最近の鴻巣らの研究で，かつおぶしのうま味にはイノシン酸のみが関与し，特にヒスチジンによってイノシン酸の呈味性が高められるものではないことが確認されている．

1959～60 年にヤマサ醤油（株）の国中明や味の素（株）の池田らが，イノシン酸はグルタミン酸と相乗的な調味効果のあることを発表してから，イノシン酸は再び注目を集めた．

天然物中のイノシン酸の分布について表 7.3 に示した．カツオ，土佐節（かつおぶし），サバ，煮干し（カタクチイワシ）などにはイノシン酸が多いが，グチ，スルメなどの白味の魚肉にはイノシン酸が少ないようである．表 7.3 にはあげなかったが干ダラ，アワビなどにはイノシン酸が含まれていない．また，植物性の食品にもイノシン酸はほとんど含まれていない．グルタミン酸は，ほとんど

表 7.3　天然食品および加工食品中のイノシン酸含量 (mg/100g)
(新鮮物中含量)

食品名	5′-イノシン酸含量 (mg)	引用文献
アジ	265.0	中島ら
イワシ	192.6	〃
カツオ	285.2	〃
サバ (普通肉)	214.8	斎藤ら
〃 (血合肉)	19.2	〃
サンマ	242.4	〃
タイ	214.8	中島ら
タラ	43.8	Jones ら
フグ	188.7	中島ら
ブリ	124.3	斎藤ら
マグロ	188.0	中島ら
クルマエビ (煮熟)	91.9	橋田ら
バフンウニ	0～7.1	小俣ら
牛肉	106.9	中島ら
豚肉	122.2	〃
鳥肉	75.6	〃
鯨肉	214.5	〃
アジ素干	14.0	藤田ら
煮干し	863.0	〃
スルメ	23.0	〃
シラス干	439.0	〃
土佐節 (一級品)	416.0	〃
〃 (二級品)	687.0	〃
かまぼこ	14.6	中島ら

すべての食品に普遍的に分布して各食品の呈味の基調になっているが，どちらかといえば動物性食品より植物性食品に含有量が多く，くせのない植物性のうま味といえる．これに対しイノシン酸は，その分布がほとんど動物性食品に限られていることから，動物性のうま味（meat like taste，現在は umami）といえるようである．

イノシン酸はヒポキサンチンとリボースとリン酸が結合したもの

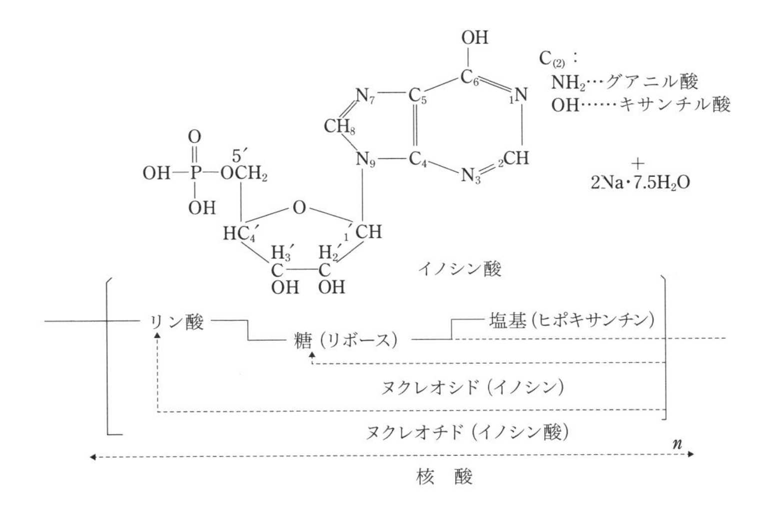

であるが，一般にヌクレオチド類がうま味を発現するためには，次の二つの条件を満たすことが必要であるといわれている．

(イ)　プリン塩基の6の位置の炭素原子に水酸基がついていること．

(ロ)　リボースの5′の位置の炭素原子にリン酸基がついていること．

例えば，イノシン酸にはリボースにリン酸基のつく位置によって，2′-，3′-および5′-イノシン酸の3種類の異性体があるが，このうちうま味をもっているのは5′-イノシン酸のみである．またイノシン酸のプリン塩基の6の位置の炭素原子に水酸基のかわりにアミノ基がついているアデニル酸にはうま味があるが非常に弱い．

イノシン酸ナトリウムの閾値は0.025％で，グルタミン酸ナトリウムの閾値（0.03％）にほぼ等しい．しかし図7.1に示すように，グルタミン酸ナトリウムは濃度が高くなると比例的に味の強さが増

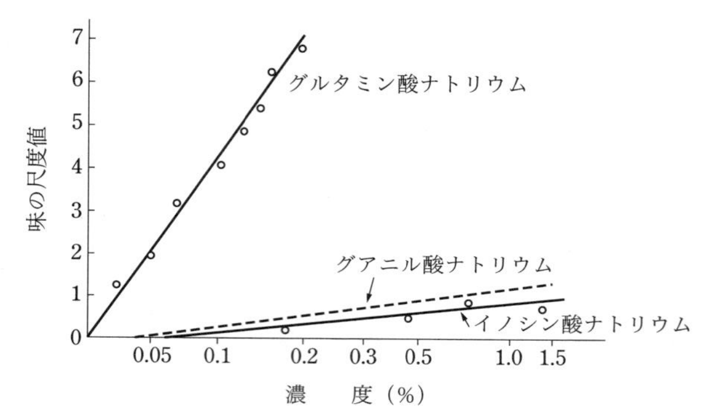

図 7.1　イノシン酸ナトリウムとグルタミン酸ナトリウムの濃度と味の強さ

大するが，イノシン酸ナトリウムは濃度が高くなってもほとんど呈味力の増加はない．しかし，イノシン酸ナトリウムはグルタミン酸ナトリウムとの共存下では強い呈味力を発揮する．

これはイノシン酸とグルタミン酸との相乗効果と呼ばれるものである．従来，コンブのだしと，かつおぶしのだしを併用していたのは，経験的にこの相乗効果が利用されていたわけである．

このようにイノシン酸とグルタミン酸との間には味覚上の相乗効果があるが，これは味覚の点から非常に画期的なことで，現在の複合うま味調味料出現の一つの理論的裏付けになっている．

図 7.2 はグルタミン酸ナトリウムとイノシン酸ナトリウムの配合比率が 10%までは，味の強さは急速に上昇するが，それ以上になると味の強さの増大は次第に緩やかとなり，15%以上ではさらに緩慢となる．さらに 30〜70%までは味の強さはほとんど不変となり，70%以上になると緩やかに減少し，90%以上では急速に減少して，ほぼ左右対称の曲線を描く．

この相乗作用において，MSG と IMP との混合液のうま味の強さ

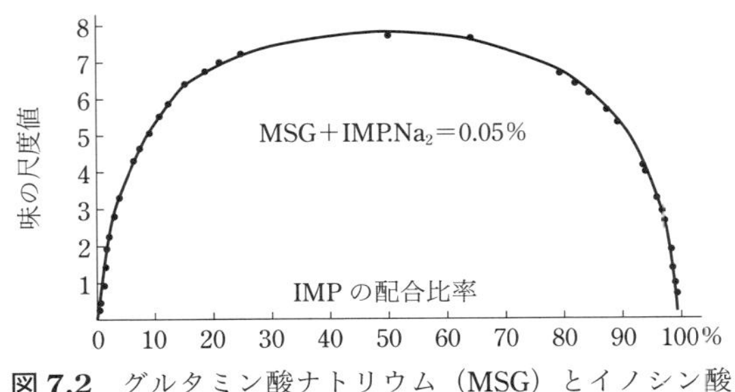

図 7.2　グルタミン酸ナトリウム（MSG）とイノシン酸ナトリウム（IMP）の配合比率と味の強さ

と各成分濃度との関係は次式で示される．

$$y = \mu + 1{,}200\,\mu v$$

y：混合物と等しいうま味強度を示す MSG 単独の濃度（%，g/100mL）．
μ：混合物中の MSG の濃度（%，g/100mL）．
v：混合物中の IMP の濃度（%，g/100mL）．

MSG と GMP との混合の場合には，$y = \mu + 2{,}800\,\mu v$ で示され，IMP より 2.3 倍強いうま味の相乗作用を示す．この場合，y，μ は，上式と同様で，v は混合物中の GMP 濃度（%，g/100mL）である．

7.2.3　グアニル酸

グアニル酸は 1894 年に Hammersten および 1898 年に Bang によって膵臓（すいぞう）核酸から分離され命名されたもので，その化学構造はイノシン酸と同様に Levene らにより 1930 年代に決められた．

グアニル酸ナトリウムの呈味性が発見されたのは比較的近年で，

国中らが1960年に核酸関連物質の味を系統的に検討した研究の中で，5′-グアニル酸ナトリウムがうま味を持つことを見出し，実用化された．

イノシン酸やグアニル酸などは，核酸系調味料と呼ばれるが，これは細胞中に核酸と呼ばれる成分が含まれ，この核酸をとり出して化学的に処理すると，イノシン酸やグアニル酸が得られるためである．

グアニル酸はその構造からguanosin-5′-mono-phosphate，略してGMPと記される．グアニル酸ナトリウムはイノシン酸ナトリウムと同様に，グルタミン酸ナトリウムとの間に，特異的な相乗効果があり，複合調味料として利用される所以となっている．

グアニル酸はシイタケなどにも含まれるので，一部ではシイタケの味などと称されるが，実際はイノシン酸と同系統の味である．

天然食品中に遊離ヌクレオチドとして5′-グアニル酸が存在することは，シイタケ煮出し汁からはじめて見出され（1960年），その後各種のキノコ類，牛豚などの獣肉中にも含まれることがわかった．表7.4に天然食品中の5′-グアニル酸の含量を示した．

表7.4 天然食品中の5′-グアニル酸含量（含有量mg/100g）

食品名	酸含量(mg/100g)	引用文献
乾シイタケ	156.5	中島ら
生シイタケ	18.5～45.4	橋田ら
エノキタケ	21.8	〃
マツタケ	64.6	〃
ショウロ	5.8	〃
牛肉	2.2	中島ら
豚肉	2.5	〃
鳥肉	1.5	〃
鯨肉	3.6	〃
バフンウニ	0～6.0	

現在グアニル酸ナトリウムは，イノシン酸ナトリウム，グルタミン酸ナトリウムとの混合物，または前二者のみの混合物として市販されている．

通常うま味調味料として用いられるグアニル酸ナトリウムは，5′-グアニル酸二ナトリウム塩である．

グアニル酸ナトリウムの閾値は約0.0125％で，その呈味はイノシン酸ナトリウムと同質である．イノシン酸ナトリウムと同様，グルタミン酸ナトリウムとの間に相乗効果があるが，その相乗呈味力は，イノシン酸ナトリウムの場合よりかなり強く，約3倍（2.3倍）である．

グアニル酸にも3種の異性体があるが，2′-，3′-異性体にはうま味はなく，5′-グアニル酸のみにうま味がある．

7.2.4　コハク酸

コハク酸とコハク酸ナトリウムは食品の調味料として，前述のグルタミン酸などのうま味物質ほどではないが，一部の食品工業で使用されている．

コハク酸は1550年にAgricolaによってコハクを乾留して，白色の結晶状の物質として得られた．呈味性がみとめられたのは1912年である．東大農学部の高橋偵造教授が細菌培養ろ液中に著量のコハク酸が蓄積することをみとめ，その呈味性を発見し，その後，青木は貝類のうま味がコハク酸に由来するものであることを報告した．

このコハク酸は動植物界に広く分布し，調味料としてのみならず，医薬用としても用いられている．

コハク酸およびコハク酸ナトリウムは醸造製品をはじめとして，その他の一般加工食品に調味料として添加される．コハク酸もコハク酸ナトリウムも，その使用料は食品の種類や原料によってそれぞれ異なり，とくに添加量が適量をこえると独特の妙なえぐ味が感じられて，他の味との調味を損うので注意を要する．

コハク酸ナトリウムの閾値は0.002％である．グルタミン酸ナトリウムやイノシン酸ナトリウムとの間に味覚上の相乗作用はない．

7.2.5 その他のうま味物質

現在，実用されているうま味物質は上述のグルタミン酸，イノシン酸，グアニル酸，コハク酸であるが，この他，表7.1に記した物質はいずれもうま味をもっている．また，核酸の分解で生成する5′-アデニル酸もグルタミン酸ナトリウムとの間に相乗性を示し，その強さはイノシン酸の約18％である．

アスパラギン酸はアスパラガスからアスパラギンが発見されたことにその名の由来がある．アスパラギン酸は植物タンパク質中に多量に含まれており，みそ，しょうゆなどにかなり多く含まれている．グルタミン酸と構造が似たアミノ酸でその味も比較的よく似ている．トリコロミン酸はハエトリシメジ（Tricholoma muscarium）から，イボテン酸はイボテングダケ（Ananita strobiliformis）から発見されたもので，アミノ酸の一種である．

また，α-アミノアジピン酸，スレオ-β-オキシグルタミン酸，ホモシステイン酸は合成された化合物で，天然物から発見されたものではない．表7.1に第1群として示した各化合物は第3群のイノシン酸やグアニル酸と呈味の相乗作用を示すことが知られている．

お茶のうま味の主成分であるテアニンは，今から70数年前に，京都府茶業研究所の酒戸弥二郎技師（当時）によってお茶の玉露から発見された．

テアニンは，お茶に含まれるアミノ酸の一種でグルタミン酸の誘導体である（表7.1）．味は最初甘味，後味としてうま味を呈する．テアニンはお茶の遊離アミノ酸の約40％を占め，お茶の味に重要な成分である．お茶の玉露などの被覆茶に多く含まれ，全国茶品評会の入賞茶の中には，4％近いテアニン含量を示すものもあり，テアニン含量とお茶の品質とに密接な関係があるとされている．

お茶を飲むと「ほっこりする」，「心が和む」と言われ，カフェインの興奮作用の抑制，記憶学習効果の向上，リラックス効果，ストレス低減効果があると報告されている．

L-テアニンは，食品添加物（調味料，強化剤）に指定されている．用途としては，ガムやキャンディーなどの菓子類，ゼリー，アイスクリーム，ヨーグルトなどの冷菓，およびサプリメントや美容食品などに応用されている．また，テアニンは緑茶の呈味改善剤として使用されているが，緑茶以外の様々な食品の苦味やえぐ味も抑えるので，風味の改善にも用いられる．

文　献

1) 元崎信一　編，“化学調味料”，光琳書院（1969）
2) 太田静行，“うま味調味料の知識”，p.20，幸書房（1992）
3) 西村俊英，明日の食品産業，(1,2), 3（2017）
4) 山野善正，山口静子　編，“おいしさの科学”，p.57，朝倉書店（1994）
5) 平成21年度報告会資料（京都農技セ・茶業研究所）（2010.2.26）

8. コ　　ク

コクは濃いが名詞化された「濃く」，あるいは古代の中国では穀物の熟すことを「酷」（コク）と表現しており，これらが語源とされている．

コクがあると評価される食品として，カレーやシチューなどがある．これらは多くの食材を使用し，長時間煮込んだものである．また，チーズ，みそ，ハムなど長時間発酵・熟成させたもの，さらに，まぐろのトロ，霜降り牛肉，豚骨ラーメンのように油脂によるものなどがある．すなわち，食品を製造する際に，加熱，熟成，発酵，加工（調味料の添加）などの工程により，コクが付与される．

コクは味，香り，食感に関する多数の刺激で生ずるが，それらのバランスが保たれ，濃厚感（複雑さ，厚み：complexity），持続性（lastingness）および広がり（mouthfulness）がある時に感じられる味わいと言える．

近年，コクを増強する効果がある「コク付与物質」が明らかにされているが，コク味という単一な味は存在しない．コクがあっておいしい食べ物は多いが，コクがあるものを必ずしもおいしと思わない人もいる．“コク”は客観的評価であるが，“おいしい”は主観的評価である．

8.1　コクの評価

食品のコクの強さは，表 8.1 に示すように風味に関する濃厚感，力強さ，持続性，深みなどを，強さ，時間，広がり，ハーモニーに

表 8.1　コクと関係のある表現

濃厚感	濃厚な味わい，味が濃い，こってりしている	①　強さ
力強さ	味がしっかりしている，特徴がはっきりしている，メリハリがある	
動物性の味	肉がたっぷり，バター・油が入っている味	
うま味	うま味がある，うま味に近い	
持続性	口に残る香りと味，スグに消えてしまわない 飲み込んだ時にわかるおいしさ	②　時間
広がり	口の中に広がる	③　広がり
まろやかさ	まろやか	④　ハーモニー
深み	深い味わい，成分が溶け合っている，素材が集まって醸し出される，単純でない	
快さ	心地よい，快い	

分けて評価することによって表現することができる．

コクの評価を，味細胞や嗅細胞への刺激として説明すると，食品を口に入れて味わう時，舌の5基本味に対応する受容体への刺激(強さ）と，軟口蓋（上顎）や咽頭・喉頭部，舌に存在する味細胞への刺激，および嗅細胞への刺激（広がり）と，これらの継時変化(時間）といえる．また，これらの刺激と継時変化について，バランスおよび，融合し調和（ハーモニー）の認識が加わり，コクの強さが決定される．

このコクの強さを，官能検査によって，甘味，しおから味，酸味，うま味について，強さ，広がり，時間，ハーモニーの評価による「コク味表現モデル」によって表わす方法が開発されている．

8.2 コク付与物質

コク付与効果があると報告されている主な物質を，分類して表8.2に示す．コク付与物質は，味に関するものに，うま味や酸味な

表 8.2 コク付与効果を示す主な物質

分類	コク付与効果を示す物質
ペプチド系物質	① ビーフエキスの加熱生成物：ビーフエキスの低分子タンパクとカルノシンとの加熱によって生成する成分（γ-Glu-β-Ala-His） ② メイラードペプチド：ペプチドと糖類の間のメイラード反応生成物（熟成した味噌，チーズなどに含まれる） ③ 魚醤油などに含まれるオリゴペプチド:γ-Glu-Val-Gly など，γ-Glu-Val-Gly は食品添加物に指定されている．
メイラード反応物	① ピラジン類（アミノ酸と糖類との反応生成物） ② クレアチン関連物質（肉エキスに含まれる）と糖類との加熱反応生成物
含硫化合物	① 酵母エキスに含まれるグルタチオン ② ニンニクに含まれる Alliin やγ-L-glutamyl-S-allyl-L-cysteine sulfoxide ③ 玉ねぎの S-propenyl-L-cysteine sulfoxide など
油脂成分	① マグロの油 ② 牛肉の霜降りの油，比内地鶏のアラキドン酸など
アミノ酸・核酸系	① うま味アミノ酸，核酸系うま味物質 ② D-アミノ酸（味をまとめてコク味を増強）
香気成分	① つゆの香気成分（2-acetylfuran，2-ethylhexanol，1-octen-3-ol） ② セロリ中のフタライド類，かつおぶしだし中の（4*Z*, 7*Z*）-trideca-4,7-dienal など
多糖類，タンパク質その他	① グリコーゲン（貝類のコク味） ② ゼラチン（フカヒレスープ）など ③ 植物ステロール（玉ねぎ，持続性の増強）

どの呈味物質とメイラードペプチド，ニンニクのアリーンなどの味修飾物質がある．そして，香気に関するものに，ピラジン，フラタイドなどの香気物質と香気修飾物質の植物ステロールなどが知られている．また，食感に関するコク付与物質には，油脂，グリコーゲン，ゼラチンなどがある．すなわち，味，香り，食感に関するコク付与物質が存在することになる．

食品の調理，加工においては，肉，魚，野菜，香辛料など多種類の材料を使って，加熱を行うため，各種の相互反応が起こり，食品の風味が形成される．このメカニズムの解明により，コク味を特異的に増強する物質が存在することが明らかになれば，グルタミン酸やイノシン酸，γ-Glu-Val-Gly のようにそれらの製造法を確立することにより，調味料として利用されることになる．

文　献

1) 特集:“食品の構造とコク～おいしいには理由がある”，月刊フードケミカル，(8)，25 (2014)
2) 西村俊英ら，“総説特集：食べ物のおいしさを引き出すうま味とコクを考える”，日本味と匂学会誌，**19**(2)，163 (2012)
3) 早瀬文孝ら，“つゆの香気成分とコク寄与成分”，日本醸造協会誌，**109**(3)，161 (2014)
4) 宮村直宏ら，“コク味タイプ天然系調味料の近況”，ジャパンフードサイエンス，(9)，28 (2005)

9. 辛味，渋味，えぐ味など

前述の甘，酸，鹹，苦の4味，あるいは，うま味を入れての5味の他にも，味として辛味（からみ），渋味（しぶみ），えぐ味などは日常われわれが経験するところであり，また味として金属味，アルカリ味，電気の味などが挙げられている．

これらの味は上記の4味あるいは5味と味覚の伝達の様式が異なり，口中の皮膚を直接刺激する痛覚，温覚などが複合したものである．辛味などは香辛料に代表されて利用されるものであり，渋味，えぐ味なども積極的に利用することはないが，それぞれの食品の特徴を成しているものである．

9.1 辛　　味

「サンショウは小粒でもピリリと辛い」とか「ワサビの利いた」などの言葉があるように，辛味はワサビやサンショウ，カラシなどに代表されるものである．

辛味は中国やインドでは甘，酸，鹹，苦味と並んで，5味とか8味の一つに挙げられている．わが国でも古くは，しおから味と辛味は混同されていたようである．辛味は現在では味でなくて，舌，口腔，鼻腔粘膜の痛覚であると考えられている．カラシを練ったとき鼻にツンとくる匂成分とかトウガラシ粉を舐めたときのヒリヒリする感じなどは辛味の代表的なものである．コショウのシャビシン，トウガラシのカプサイシン，ワサビやカラシのアリルイソチオシアネートなどは代表的な辛味成分である．

適度の辛味は食品の味に緊張感を与えて食欲を増進する．香辛料は，食物に香りや風味を添え，辛味を与える植物を乾燥したものである．香辛料には，その名が示すように辛味を与える物質が数多く存在する．辛味にはいわゆるホットな感じからシャープな感じまでいくつかの段階があり，各辛味成分によって感じ方がそれぞれ異なっている．辛味の成分の種類は極めて多いが，トウガラシ（主成分はカプサイシン）のホットな感じとクロガラシやシロガラシ（主成分はアリルおよびパラヒドロキシベンジル-イソチオシアネート）のシャープな感じを両端として，その中間に表 9.1 に示すような順序で辛味スパイスを並べてみると，辛味の感じが理解できるだろう．この場合のホットとかシャープという感じを化合物の群別に示すと表 9.2 のようになる．

表記以外にも，シナモン，クローブ，タイム，オールスパイスなどの香辛料からも辛味が感じられ，これらのうちで辛味に関係する成分は桂皮（ケイヒ）アルデヒド，カルバクロール，カルボン，オイゲノールなどである．

これらの辛味はそれを適切に使用すると実に料理が引き立ち，素晴らしいものになることが多い．その意味で，調理に当たって香辛料の使い方を習熟する必要があると思われる．

表 9.1　香辛料の辛味とその表現方法

辛味の表現方法	辛　味　の　特　徴	スパイスの例
ホット（hot）	ピリピリ，カーッと辛い	レッドペパー（トウガラシ）
↑		ペパー
		サンショウ
		ジンジャー
↓		ネギ属
シャープ（sharp）	ツーンと鼻にぬける辛さ	マスタード（カラシ）

表 9.2　香辛料の辛味成分

		辛　味　料	辛 味 性 成 分
ホット ↓ シャープ	(1)酸アミド系 Acid amide $\mathrm{R{-}CO{-}N\langle^{R}_{R}}$	a)　トウガラシ類 Capsicum	Capsaicine Dihydrocapsaicine
		b)　コショウ類 Pepper	Piperine Chavicine
		c)　サンショウ類 Japanese pepper	Sanshool-I, II Spilanthol etc.
	(2)カルボニル系 Carbonyl （アルデヒド，ケトン） R—CO—R	a)　ショウガ類 Ginger	Shogaol Zingerone etc.
		b)　タ デ 類 Hydropepper	Tadenal Tadeon
	(3)チオエーテル系 Thio-ether R—S—R	ネ ギ 類 Onion	Diallyl sulfide Diallyl disulfide etc.
	(4)イソチオシアネート系 Isothiocyanate R—N=C=S	カ ラ シ 類 Mustard	*p*-Hydroxybenzyl-isothiocyanate Allyl-isothiocyanate

1） レッドペパー（トウガラシ）の辛味成分

トウガラシの辛味成分はカプサイシンが主体で，その他ソラニンなども含まれている．カプサイシンは酸アミド系辛味成分で，酸基としての脂肪酸の炭素原子が 9～10 の時に辛味が最高で，二重結合の有無には関係がない．

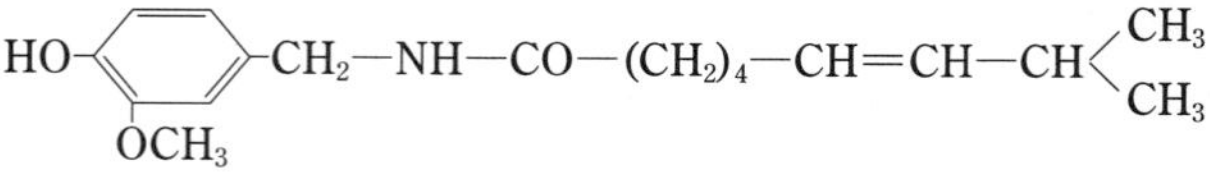

$$\mathrm{HO{-}C_6H_3(OCH_3){-}CH_2{-}NH{-}CO{-}(CH_2)_4{-}CH{=}CH{-}CH\langle^{CH_3}_{CH_3}}$$

capsaicine＝isodecenoic acid vanillylamide

トウガラシに含まれる辛味成分のカプサイシンは人体の脂肪成分の燃焼や体温上昇作用が認められている．一方，京都大学矢澤進教授は，トウガラシの研究中に辛くないトウガラシ（CH19甘）を発見し，これに新規の成分のカプシエイトが含まれていることを明らかにした．このカプシエイトの辛味はカプサイシンの約1/1000であるが，カプサイシンと同様の機能性を有するため，辛くないトウガラシとして利用されている．これは，CH19甘の脂肪燃焼作用に着目したダイエット食品である．

2) ペパーの辛味成分

ペパー類の辛味主成分はピペリンとその立体異性体のシャビシンである．長く貯蔵されたペパー中のピペリンは結晶の状態で存在するので，精油中に溶けているか，あるいは乳化状態で存在する新鮮なペパーに比較して，辛味が弱い．結晶状のピペリンは舌の上に乗せてもわずかしか辛味を感じない．

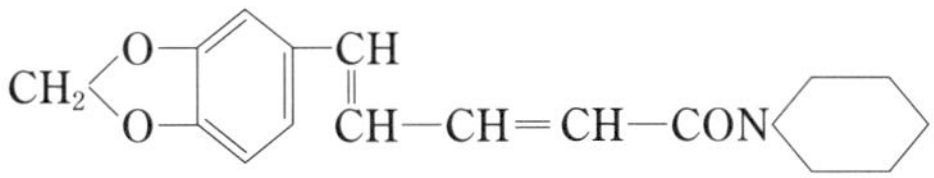

CH_2 O O
CH
‖
CH—CH＝CH—CON

ピペリン

ピペリンの二重結合が *cis, cis*のもの

シャビシン

3) サンショウの辛味成分

サンショウの辛味成分はα-サンショオールとβ-サンショオールである．α-サンショオールはβ-サンショオールよりも辛味が強烈で，どちらもやや麻酔性がある．これらの辛味成分は比較的変化しやすく，例えばサンショウの実を粉末にしておくと容易に辛味を失う．

sanshool　$CH_3-(CH=CH)_3-(CH_2)_2-CH$

$=CH-CO-NH-CH_2-CH\langle^{CH_3}_{CH_3}$

α-sanshool　2-*trans*, 6-*cis*, 8-*trans*, 10-*trans*

β-sanshool　all-*trans*

長期保存するときには原形のままで貯蔵し，使用に際して粉末にするのが望ましい．

4)　ジンジャーの辛味成分

辛味成分はジンゲロン，ショウガオールである．ともに苛烈な辛味をもっている．

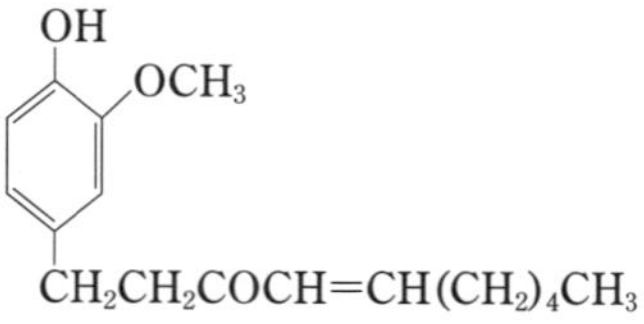

OH, OCH_3
$CH_2CH_2COCH=CH(CH_2)_4CH_3$
ショウガオール

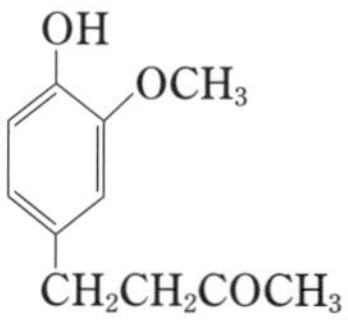

OH, OCH_3
$CH_2CH_2COCH_3$
ジンゲロン

ショウガオールには，寒い季節や冷房条件下において体温（末梢）を維持する機能があることが報告されている．

5)　ガーリックの辛味成分

ネギの仲間はいずれも特有の辛味と臭気を持っているが，その辛味成分はチオエーテル系の化合物で，相当強い殺菌性と強壮作用を持っている．主な成分は diallyl disulfide，propyl allyl disulfide, dipropyl disulfide などで，これらの成分は植物組織中では allin の形で存在している．細胞が死滅あるいは破壊されると，共存する酵素（アリイナーゼ）が作用して，刺激性の強いにおいを持つ油状物，アリシンを生ずる．このアリシンが還元されると diallyl disulfide を生ずる．

alliin $CH_2=CH-CH_2-SO-CH_2-CH(NH_2)-COOH$

↓ H_2O

allicine $CH_2=CH-CH_2-SO-S-CH_2-CH=CH_2$

↓

diallyl disulfide $CH_2=CH-CH_2-S-S-CH_2-CH=CH_2$

これらの成分の中には，コク味増強作用を示すものもある.

6) 玉ねぎの辛味成分

成分的にはガーリックと似ているが，その量と組成が多少異なるので，辛味と臭気が異なっている．その主成分はdi-*n*-propyl disulfide（Ⅰ）とmethyl-*n*-propyl disulfide（Ⅱ）である．これらのdisulfide類はオニオンを煮たときに還元されて，甘味の強いメルカプタンを生ずる．例えば，プロピルメルカプタン（Ⅲ）はショ糖の50倍の甘味を示す.

（Ⅰ）$CH_3(CH_2)_2-S-S-(CH_2)_2CH_3$，（Ⅱ）$CH_3-S-S-(CH_2)_2CH_3$

（Ⅲ）$CH_3(CH_2)_2SH$

玉ねぎを煮たときに甘く感じるのは，これらのメルカプタン類ができるためである.

玉ねぎを包丁で切ると涙が出ることは，調理の時に誰でも経験する．この涙を発生させる揮発成分を催涙成分（lachrymatory-factor）と呼び，propanethial s-oxideであることが知られていた．そして，この成分は，玉ねぎ中の主要硫黄化合物（trans-1-propenyl-L-cysteine sulfoxide（PRENCSO））がアリイナーゼによって分解されて生成するものと考えられていた.

日本の研究者が，催涙成分の生成には，新しい酵素の催涙成分合成酵素が関与していることを発見した．この酵素の発現や活性を抑えることにより，切っても涙が出ないメリットに加えて，風味や生理活性成分の多い玉ねぎが開発された.

7) カラシの辛味成分

カラシにはクロガラシと和ガラシ，シロガラシの3種があるが，前二者と後者とではその辛味成分がやや異なっている．

カラシは温湯で練ってからしばらく放置したあと使用する．カラシをはじめ，ダイコン，ワサビなどいずれもすり潰すと辛くなる．これらの成分はシニグリンという配糖体で，そのままでは辛味がないが，これにそれぞれ含まれるミロシナーゼという酵素が作用するとアリルイソチオシアネートが生成して，特有の辛味を与える（255ページ参照）．

$$C_3H_5\cdot N:C\left<\begin{matrix}SC_6H_{11}O_5\\OSO_3K\end{matrix}\right.+H_2O\longrightarrow C_3H_5\cdot N:C:S+\text{ブドウ糖}+KHSO_4$$

シニグリン　　　　　　アリルイソチオシアネート

カラシの辛味はただ口の中だけにとどまらず，揮発性があるため鼻腔粘膜を刺激して，鼻にツンとくるような辛味を感じさせるが，これはシロガラシよりもクロガラシと和ガラシの方が強い．これらは主としてアリルイソチオシアネートを生成するのに対して，シロガラシでは p-hydroxybenzyl isothiocyanate を生ずるが，これは揮発性が少ないためである．シロガラシの辛味の母体物質はシナルビンで，やはりミロシナーゼにより分解される（255ページ参照）．

8) ワサビの辛味成分

ワサビにはワサビ（Japanese horse radish）と西洋ワサビ（horse radish）とがあり，後者はワサビダイコンとも呼ばれ，辛味は弱く，粉ワサビの原料になっている．辛味成分はいずれもシニグリンを母体とする多量のアリルイソチオシアネートと少量の第二ブチルイソチオシアネートで，和ガラシに似た強烈で鼻にぬける辛味を示す．

9.2　渋　　味

「あの人の着物は渋い」とか,「浪花節を語る渋い声」などという場合には, 派手ではないが趣味が良いとか, 年期が入っているとか, 落ち着いた深味があるというような意味で, 渋いということは決して悪いことではない. しかし,「あいつはどうも渋くてかなわん」などという「渋チン」はいわゆるケチの意味である.「渋い顔をされた」などという場合は, 少なくとも快く賛成されたという感じとはほど遠いものである.

本来の意味の渋味は例えば, 渋柿などで代表される味である. 欧米人は苦味はそれほど嫌わないが, 渋味は astringent（収斂性の）と表現して, とくに嫌っている. もちろん日本人にも強い渋味は不快極まる味である. しかし淡い渋味は苦味に近くなり, 他の味と混ざり合って独特の風味となる. 例えば茶では適度の渋味は大いに喜ばれる. なかには口が曲がるほど渋い茶を飲んで通ぶっている人もいる. 渋味の本体は主としてタンニン系の物質で, 柿のゴマと称するものは不溶性のシブオールである. 不溶性にすれば渋味を感じなくなるので, たとえば柿のタンニン類はアルコールで凝固させて不溶性にすることができる. 柿の渋抜きはこの性質を利用したものである. 細胞の生活力を抑制して, 分子内呼吸を行わせて, 酸化酵素を働かせて不溶性にすることができる.

茶の渋みはタンニン物質で, これには茶カテキンと茶タンニンがある. 前者は快い渋味, 後者は舌を刺す渋味である.

ワインにも渋味があるが, この渋味物質もタンニンである. 主成分はガロタンニンである. 原料ブドウの果皮, 種子から移行するものである.

9.3 え ぐ 味

えぐ味はタケノコ，あるいはゼンマイなどの山菜を水につけたり，ゆでたりするときにできる，いわゆる“灰汁”の味で，苦味と渋味を複合したような不快味である．

タケノコ，サトイモ，ハンゲ（半夏）のえぐ味の本体はチロシンから導かれるホモゲンチジン酸である．

$$\mathrm{HO{-}C_6H_4{-}CH_2{-}CH(NH_2){-}COOH \longrightarrow (HO)_2C_6H_3{-}CH_2{-}COOH}$$

チロシン（アミノ酸の一種）　　ホモゲンチジン酸

ゼンマイなどの灰汁のえぐ味は種々のタンニンや無機塩類，有機酸などに由来する．

9.4 金 属 味

銅貨をピカピカに磨いておいて，それに舌を触れると酸っぱく感じる．今の子どももはもうそういう遊びはしないようであるが，そういう経験を聞いたことがある．しかし，これは金属の味とはいわないようである．例えば，缶詰食品を開缶後しばらく放置した場合など，食品を金属に長時間接触させたときにその食品に付く嫌な味をふつう金属味と呼んでいる．この場合は食品中に溶解した金属イオンの味である．

9.5 アルカリ味

一般の食品は中性か微酸性であって，そのpHが8以上というような食品は例がない．アミノ酸類と食塩の溶液の味はpH7付近から少し上になると味に締まりがなくなって感じられる．このようなボケた味をアルカリ味というようであるが，実用上はあまり重要ではない．

文献

1) 小原正美，“食品の味”，p.31，光琳書院 (1966)
2) 大平敏彦，“香辛料の化学”，p.10，産業図書 (1952)
3) 今井真介，“注目しています．その技術！タマネギ催涙因子合成酵素の発見とその関連研究”，日本食品工学会誌，**16**(2), 181 (2015)
4) 矢澤進，“トウガラシを見つめ直し，その新しい展開を探る”，Food style 21, **5**(7), 58 (2001)

10. アミノ酸およびペプチドの味

今まで，甘味，酸味，うま味など，味の種類やそれらの味に関連する成分について述べた．食品の味はこれらの諸成分が複雑に絡み合ってできている．

食品の味は“エキス分”と称される，食品中の水に溶ける区分に存在すると考えられており，種々の食品の固有の味をつくっている．この呈味成分のうちで，アミノ酸の果たす役割は重要である．元来，アミノ酸はタンパク質を構成する成分で，タンパク質の形で存在するアミノ酸は，これを摂取すれば栄養にはなるが，普通の場合は呈味には関与しない．呈味に関与するのは遊離のアミノ酸やペプチドである．

10.1 アミノ酸の味

天然に存在するアミノ酸は二十余種あり，遊離アミノ酸としても，特殊のアミノ酸を除き，ほとんどすべてのアミノ酸が各種の食品中に存在する．しかし，そのアミノ酸の存在量は表 10.1 に示すように，食品によってそれぞれ違うので，これに伴い，食品の味も相違する．この遊離アミノ酸組成をアミノ酸パターンと呼んでいる．表 10.1 にみられるように，遊離グルタミン酸は緑茶中に多く，お茶にはグルタミン酸が必須であり，メチオニンはウニに多いことが注目される．これらのアミノ酸パターンを見ると，その呈味成分中どれが最も重要であるかを指摘できるが，その成分だけでは特有の味とはならない．やはり他の少量存在するアミノ酸も加わって

表 10.1　各種天然食品のアミノ酸組成（新鮮物中 mg/100g）

アミノ酸	クロダイ	サバ	ウニ	シメジ	アサクサノリ	緑茶*
タウリン	—	—	105	—	—	—
アスパラギン酸	17	9.8	4	53.4	230	136
スレオニン	13	9.6	68	21.4	78	60.9
セリン	3.9	6.9	130	50.6	53	81.1
グルタミン酸	19	20	103	67.6	640	668
プロリン	3.9	5.4	26	12.7	62	18.3
グリシン	97	54	842	12.3	125	47
アラニン	27	37	261	32.7	1092	25.2
バリン	5.1	14	154	9.1	21	6.1
メチオニン	1.1	7.3	47	1.7	0	0.6
イソロイシン	7.3	9.6	100	6.5	14	47
ロイシン	8.5	14	176	10.7	20	34
チロシン	1.1	6.6	158	8.6	0	4.2
フェニルアラニン	11	9.2	79	19.0	15	10.1
トリプトファン	2.0	2.2	39	2.6	0	11.6
ヒスチジン	5.4	563	54	25.3	0	6.7
リジン	13	22	215	118.6	24	7.4
アルギニン	3.0	6.1	316	40.7	90	142
テアニン	—	—	—	—	—	1727

* 乾物中 mg/100g

個々の食品固有の味となる．それで例えば，ウニの味を考えるときには，メチオニンなどが主体となるが，それだけではなく，種々のアミノ酸が一定の割合で加わってこそ，はじめてウニ本来のおいしさが出現するのである．後述するような個々の食品においても，それらの味の主役はアミノ酸と5′-ヌクレオチドであるといってよく，特に個々の食品に特有なアミノ酸パターン（アミノ酸の種類と割合）が食品本来の味の出現にとって重要である．したがって，このアミノ酸パターンと呈味との関係，アミノ酸の関与度および相互関係が官能検査によって正確に調べられるべきだが，アミノ酸の種類が多く複雑なために未だ不明の点が多い．

10.1.1　各アミノ酸の味

単独のアミノ酸の味質および強さについては詳しく調べられている．表 10.2 に一般の天然型アミノ酸の刺激閾値およびその閾値の 5〜10 倍濃度付近における濃度差弁別閾〔その濃度を中心にしてど

表 10.2　アミノ酸の味覚閾値とその特徴

ア　ミ　ノ　酸	刺激閾 (mg/mL)	弁別閾 (%)	味の特徴				
			鹹味	酸味	甘味	苦味	旨味
L-Ala	60	10			◎		
L-Asp・Na	100	20	◎				◎
Gly	110	10			◎		
L-Glu	5	20		◎			◎
L-Glu・Na	30	10	○		○		◎
L-His・HCl	5	35	○	◎		○	
L-Ileu	○　90	15				◎	
L-Lys・HCl	○　50	20			◎	◎	○
L-Met	○　30	15				◎	○
L-Phe	○　150	20				◎	
L-Thr	○　260	7			◎	○	
L-Try	○　90	10				◎	
L-Val	○　150	30			○	◎	
L-Leu	○　380	10				◎	
L-Arg	10	20				◎	
L-Hypro	50	35			◎	◎	
L-Pro	300	50			◎	◎	
L-Ser	150	15			◎		○
L-Cit	500	20			◎	◎	
L-Glu (NH_2)	250	30			○		○
L-Arg・HCl	30	30			○	◎	
L-Orn	20	20			○	◎	
L-His	20	50				◎	
L-Asp	3	30		◎			○
L-Asp (NH_2)	100	30			◎	○	

『食品調味の知識　改訂新版』

正 誤 表

本書の下記ページに誤植がありましたので，訂正しお詫び申し上げます．

頁	該当箇所	誤	正
P70	表10-2 アミノ酸の味覚閾値とその特徴	刺激閾（mg/mL）	刺激閾（mg/100mL）

幸書房

変化させたら，その味の強弱が明瞭に弁別
）をいう〕を示した．アミノ酸は意外に閾
“のび”が良いものであることがわかる．
酸はその濃度を変化させても基本的な味質
ニン，L-アルギニン，L-グルタミン酸，L
の5種類のアミノ酸はその濃度変化によっ
関係を表10.3に示した．
酸は，甘味度が強い傾向がみとめられてい
酵食品などに存在し，味をまとめたり，コ
かになっている．
アミノ酸の味を，例えばアラニンは甘いと示
味も単一なものではなく，図10.1にみられ
鹹，酸，苦，旨，その他）から成り立って

激閾値のところに○印をつけたのは必須アミノ酸である．この必須アミノ酸はみな苦味を持っている．グルタミン酸やアスパラギン酸には苦味は感じられない．

アミノ酸は単体でも種々の食品に利用される．アミノ酸の用途は栄養的な意義と味，香りの面とが主体である．前者は必須アミノ酸のバランスの問題で，植物性タンパク質，とくに小麦や米などの主

表 10.3　濃度によって味質が変化するアミノ酸

	低濃度		高濃度	
L-アラニン	0.5 g/100mL	甘　味	5.0 g/100mL	甘味＋微うま味
L-アルギニン	0.2	苦甘味	1.0	苦　味
L-グルタミン酸	0.025	酸　味	0.2	酸うま味
L-セリン	1.5	甘酸味	15.0	甘酸うま味
L-スレオニン	2.0	甘苦酸味	7.0	甘　酸　味

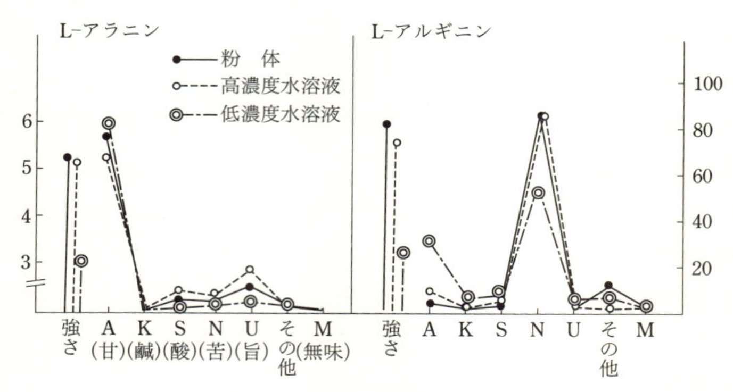

図 10.1　アミノ酸の味の分解

食になる穀類タンパク質に不足しているリジンなどを補強するものである．また，ロイシン，イソロイシンなどの分岐鎖アミノ酸は，人体の筋肉の増強に有効とされている．

味やにおいに関係するものとしては，そのもの自体が特長のある味を食品に与える場合と，加熱されたときにアミノカルボニル反応で特徴あるにおいを食品に賦与する場合と，さらに広い意味では味と関連するわけであるが，食品の物性を改善する作用などが挙げられる．

なお，グリシンは甘味をもち，合成酒の調味料としてかなり以前から使われてきたが，ネト防止という性質も持っている．枯草菌(こそう)はネトの原因になるといわれているが，グリシンを添加すると枯草菌の細胞膜の合成を阻害するという効果があり，水産加工品などにグリシンは調味とともにネト防止のために添加される．

以上のように，アミノ酸は種々の食品に対して種々の効果を持っているが，表 10.4 にその効果をまとめた．

表 10.4 主なアミノ酸の食品への利用効果

アミノ酸	分　類	主な対象食品	効　果
L-アスパラギン酸ナトリウム	指定添加物	調味料，強化剤	調味，栄養強化
DL-アラニン	指定添加物	調味料，合成清酒，漬物	調味，栄養強化
L-アルギニン	既存添加物	水産加工品，栄養ドリンク	調味，栄養強化
L-アルギニン L-グルタミン酸塩	指定添加物	強化剤	栄養強化
L-イソロイシン	指定添加物	強化剤，調味料	栄養強化，調味
グリシン	指定添加物	調味料，強化剤，製造用剤	調味，保存性向上，機能性
L-グルタミン酸	指定添加物	調味料	調味
L-グルタミン酸ナトリウム	指定添加物	調味料	調味
L-システイン	指定添加物	果汁飲料，パン他	調味，物性改良
タウリン（抽出物）	既存添加物	強化剤，調味料，水産加工，粉乳	調味，機能性
L-テアニン	指定添加物	強化剤，調味料	調味，機能性
ベタイン	既存添加物	水産加工品，調製粉乳　他	機能性，調味
DL-メチオニン	指定添加物	強化剤，調味料	調味，機能性
L-リシン塩酸塩	指定添加物	強化剤	強化剤

10.1.2 アミノ酸の配合による味

前項で述べたように，アミノ酸は二十余種存在し，その一つ一つが極めて複雑な味を持っている．これらのアミノ酸を配合することによって，特定の食品の味に近いものをつくることができる．例えば，生ウニの場合，ウニの呈味に必要なものは5′-ヌクレオチドとアミノ酸であり，アミノ酸のうち，ウニの味にもっとも関与するのはグリシン，アラニン，バリン，グルタミン酸，メチオニンで，グリシン，アラニンはウニの甘味に，バリンは特有の苦味に，グルタミン酸はうま味に，メチオニンはウニ様の呈味の発現に関係することがわかっている．これらの知見をもとに，特定のアミノ酸その他を配合するとウニの風味に近いものをつくることができる．

動植物タンパク質を加水分解したものは，それらのタンパク質を構成するアミノ酸からなるもので，植物性タンパク質の分解物（hydrolyzed vegetable protein）はHVP，動物性タンパク質の分解物（hydrolyzed animal protein）はHAPの名で種々の食品の調味に用いられている．

10.2 ペプチドの味

アミノ酸には二十余種あって，それらはそれぞれ独特の味を持っており，また，これらが種々の配合で存在することによって，各種の食品の味の特徴をつくることを前に述べた．それでは，種々のアミノ酸がそれぞれ二つ，あるいは三つ結合したものはどのような味になるであろうか．こういう疑問を持つ人は少なくない．各種のアミノ酸がいくつか結合したものがペプチドである．ペプチドはまた，種々のタンパク質を加水分解したときにも得られる．要するに，アミノ酸とタンパク質の中間の化合物である．

アミノ酸の種類は二十数種あるので，これらの二つずつの組合せもかなりの数になる．そのすべての組合せが調べられているわけではないが，個々のペプチドの呈味性は天然物から分離したもの，および合成したペプチドについて種々調べられている．その結果では，ペプチドの味は複雑で，簡単に甘いとか酸っぱいとか表現できるものではなく，それ以外の味も多少加わったものであるが，大別すれば酸味のあるもの，苦味のあるもの，味のないもの，うま味やコクを付与するものにわけられる．ペプチドのエステルのなかには甘味を持つものもある．

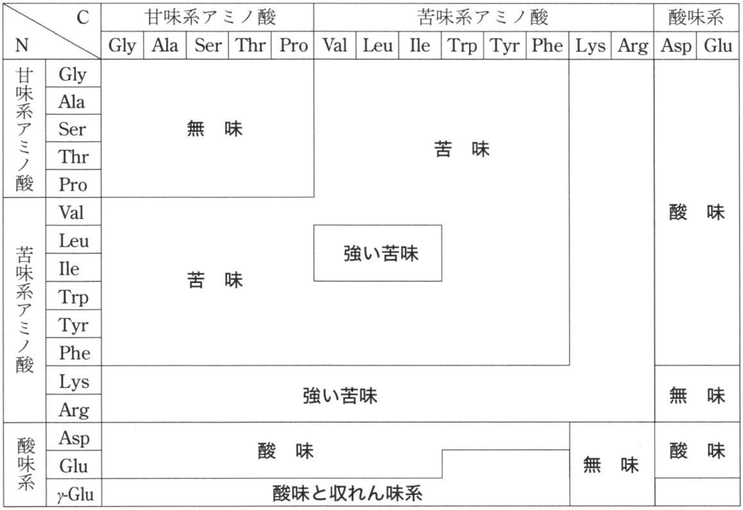

<table>
<tr><th colspan="2" rowspan="2">C / N</th><th colspan="5">甘味系アミノ酸</th><th colspan="8">苦味系アミノ酸</th><th colspan="2">酸味系</th></tr>
<tr><th>Gly</th><th>Ala</th><th>Ser</th><th>Thr</th><th>Pro</th><th>Val</th><th>Leu</th><th>Ile</th><th>Trp</th><th>Tyr</th><th>Phe</th><th>Lys</th><th>Arg</th><th>Asp</th><th>Glu</th></tr>
<tr><td rowspan="5">甘味系アミノ酸</td><td>Gly</td><td rowspan="5" colspan="5">無味</td><td rowspan="5" colspan="6">苦味</td><td rowspan="11" colspan="2"></td><td rowspan="11" colspan="2">酸味</td></tr>
<tr><td>Ala</td></tr>
<tr><td>Ser</td></tr>
<tr><td>Thr</td></tr>
<tr><td>Pro</td></tr>
<tr><td rowspan="8">苦味系アミノ酸</td><td>Val</td><td rowspan="6" colspan="5">苦味</td><td colspan="3"></td><td rowspan="6" colspan="3"></td></tr>
<tr><td>Leu</td><td rowspan="2" colspan="3">強い苦味</td></tr>
<tr><td>Ile</td></tr>
<tr><td>Trp</td><td rowspan="3" colspan="3"></td></tr>
<tr><td>Tyr</td></tr>
<tr><td>Phe</td></tr>
<tr><td>Lys</td><td rowspan="2" colspan="13">強い苦味</td><td rowspan="2" colspan="2">無味</td></tr>
<tr><td>Arg</td></tr>
<tr><td rowspan="3">酸味系</td><td>Asp</td><td colspan="11">酸味</td><td rowspan="3" colspan="2">無味</td><td rowspan="2" colspan="2">酸味</td></tr>
<tr><td>Glu</td><td colspan="8"></td><td colspan="3"></td></tr>
<tr><td>γ-Glu</td><td colspan="11">酸味と収れん味系</td><td colspan="2"></td></tr>
</table>

図 10.2 ジペプチドの呈味

アミノ酸の二つが結合したもの，すなわちジペプチドについてその呈味性を図 10.2 にまとめてみた．

なお，アスパラギン酸とフェニルアラニンのペプチドのメチルエステルやエチルエステル，アスパラギン酸とチロシンのペプチドのメチルエステルなどは甘味を持っている．

これらのペプチドの呈味力については，一般的には弱いとされているが，表 10.5 に示すように，構成アミノ酸よりも強いものもある．

それで，ペプチドも食品中で呈味上種々の役割をしていることが推定される．

食品中のペプチドの量は食品によって相違するが，研究も進んでおり，存在の意義も深いものとしては，清酒，しょうゆ，みそなど

表 10.5　ペプチドとアミノ酸の呈味閾値例

ペプチド	閾　値	アミノ酸	閾　値
γ-L-Gu-L-Gu	0.0025%	L-Glu	0.005%
L-Leu-L-Leu	0.10%	L-Leu	0.19%
Gly-Gly	1%で無味	Gly	0.11%

の醸造食品，チーズなどの発酵食品および肉エキスなどが挙げられる．

清酒中のペプチド含量は清酒 100 mL 中に 200〜300 mg 程度であって，清酒の全エキス分の 20%前後で，アミノ酸に次ぐ含有量である．清酒中のペプチドの配列として低級ペプチドはアスパラギン酸-グルタミン酸，アスパラギン酸-グルタミン酸-シスチン，中級以上のペプチドとしてはグリシン-アスパラギン酸-グルタミン酸-セリン-アラニン……の型で示される規則性がみとめられ，低分子ペプチドは原料の米タンパク質に由来し，中高分子ペプチドは醸造中にできたものと考えられている．

しょうゆ中のペプチドは全窒素の 15〜19%存在し，酸性ペプチドが多い．ペプチド中のアミノ酸としてはアスパラギン酸，グルタミン酸，ロイシンの含量が多い．これらの分離されたペプチド群は苦味と渋味を持っている．

グルタミン酸を含むオリゴペプチドは，大豆グロブリンやカゼインのトリプシン分解物の苦味をマスキングする効果がみとめられている．また，魚醤油などに含まれるγ-グルタミル-バリル-グリシンは，コク味を増強することが明らかにされ，食品添加物に指定されている．

みそに含まれるペプチドについては比較的低分子のペプチドの占める割合が大きく，酸性ペプチドが多い．みそのペプチドは酸性，中性，塩基性ペプチドとも構成アミノ酸はアスパラギン酸，グルタミン酸が主体である．種々の点でしょうゆの場合と類似している．

チーズのペプチドには苦味を呈するものが多く，低分子ペプチドとともに高分子ペプチドの存在が多い．このペプチドはロイシン，バリンなどの含有量が高い．

畜肉エキス，鯨肉エキスなどの肉エキス類に含まれるペプチドは大部分がカルノシン（β-アラニル-ヒスチジン）系のジペプチドである．肉エキス中のカルノシン系ペプチドは全窒素量の20～30％を占めている．カルノシン系ペプチドとしてはカルノシン（β-アラニル-ヒスチジン），アンセリン（β-アラニル-1-メチル-ヒスチジン），バレニン（β-アラニル-3-メチル-ヒスチジン）である．これらの3種のペプチドの含量は肉エキスの原料によって特徴があり，牛肉エキス，豚肉エキス，鯨肉エキス中にはカルノシンが多く，鶏肉エキスにはアンセリンが多く含まれる．これらのペプチドはいずれも微苦味を呈する．また，食品中ではコクを増強するとの報告もある．

食品の味はアミノ酸，有機酸その他多くの物質の混合した味であるが，これらの物質とペプチドが共存すると呈味がどのように変化するかを調べてみると，しょうゆから分離したペプチドの場合，次のような結果が得られている．グルタミン酸ナトリウム，イノシン酸ナトリウム，グアニル酸ナトリウムの弁別閾はペプチドの添加により上昇する．すなわち，ペプチドの添加により，これらのうま味物質の呈味力がおさえられる．

食塩に対してはペプチドはそのしおからさに対して減少も増大もさせない．有機酸類に対してはペプチドは呈味に著しい変化を与える．閾値量のペプチドを閾値以下の有機酸塩（コハク酸ソーダ，酢酸ソーダ，乳酸ソーダ，レブリン酸ソーダ，塩化アンモニウム）溶液に添加すると，加えないものとの間に明らかに識別がつく．

また，ペプチドはアミノ酸とは異なる緩衝作用を示す．

ペプチドの役割を要約すると，ペプチドは食品の基本的な味への関与はそれほど大きくないが，食品を構成する諸物質の呈味を微妙に変化させて，食品の味全体の調和を図っているように思われる．すなわち，ペプチドは，コクの付与，苦味のマスキング，緩衝作用による味の安定化などにより，食品の味全体のまとめ役といえよう．

文　献

1) 二宮恒彦，“アミノ酸の呈味に関する研究”，調理科学，**1**(4), 15 (1968)
2) 清水晃，片岡二郎，“ペプチドとその食品への高度利用”，食品工業，**13**(4), 42 (1970)
3) 山野善正，山口静子　編，“おいしさの科学”，p.51，朝倉書店 (1994)
4) 鴻巣章二，“魚介類の味～呈味成分を中心にして～”，日本食品工業学会誌，**20**(9), 38 (1973)

11. 味覚の諸現象

日常の食生活では，われわれは前述のような各種の呈味成分を単独で味わうことはない．普通は食物中に含まれる多数の呈味成分がつくる複雑な味を総合された形で感じて，これはうまいとか，うまくないとかいっているわけである．この場合，2種類あるいはそれ以上の味を混合して味わったり，あるいは交互に味わったりするときには，後述のような対比現象とか，相乗効果とか，相殺効果とか，変調現象などがみられる．これらの現象は調理の際に心得ておくと便利であるし，味覚検査の場合などには注意を要するものである．

11.1 対　　　比

汁粉や大福餅をつくるときに，砂糖をたくさん使うことはいうまでもないが，この場合，ごく少量の食塩を入れる．また，スイカに食塩をつけて食べる人が多い．砂糖の甘味は微量の食塩によって強められ，また，砂糖の15％溶液に0.001％のキニーネを入れると，それを添加しない対照の砂糖溶液よりも甘味が強く感じられる．

また，舌の一方に薄い食塩溶液をつけ，他方にごく薄い砂糖溶液をつけると，その砂糖の甘味が最低呈味濃度以下の濃度でも，甘味を感じる．

また，甘い溶液を味わった後では酸の溶液をとくに酸っぱく感じたり，食塩の溶液を特にしおからく感じたりする．

普通，ふたつの刺激を同時に，あるいは相次いで与える時に，片方の刺激の存在が他方の刺激の性質を強める現象を対比効果と呼んでおり，二つの刺激を同時に与える時は同時対比，相次いで与えるときは継時対比という．

両手に異なった重さのおもりを持ち，次に同じ重さのおもりを持ってみると，先に軽いおもりを持った方の手が重さを強く感じるのは継時対比の例である．

味覚でも，第1の味が第2の味を強めたり，弱めたりすることがあり，これが，味の対比現象（taste contrast）と呼ばれるものである．

表11.1はいくつかの味の対比現象をまとめたものである．実際の官能試験結果では10%のショ糖（砂糖のこと）液ではショ糖量の3/200，25%のショ糖量の3/500，50%のショ糖液ではショ糖量の1/500の食塩添加の場合が最も甘く感じ，60%のショ糖液ではむしろ食塩を添加しない方が甘さが大であるという結果が得られている．

実際に食品を味わったり評価したりする場合，こういう味覚現象があることを念頭におく必要がある．清酒の品評会で，審査中にパネルによって，特にうすいと指摘された清酒を調査したところ，その清酒の成分がうすいためではなくて，その前に利き酒した清酒成分の影響によるものであることがわかったことがある．

味の対比現象は脳の意識のオーダーだけで行われているのではなく，味細胞での現象が関係していることは，舌に2種類の味物質を与えた場合，動物の味覚神経線維の活動が，先に与えた物質によって増強されたり，抑制されたりすることからわかる．

表11.1 味の対比現象

第1味溶液	第2味溶液	閾値の変化
甘　味	鹹　味	低　下
甘　味	酸　味	低　下
苦　味	鹹　味	低　下
苦　味	甘　味	上　昇

いくつかの食品を試食したり試飲して比較する場合には，食品ごとに充分うがいをして対比効果を可能な限り少なくして，比較を行わなければならない．

11.2 変調現象

のどが乾いたときに飲む水は甘くうまく感じられる．濃い食塩水を味わった後，普通の水を飲むと甘く感じられる．同様に硫酸マグネシウムの溶液を飲んだ後，普通の水を飲むとこの場合も甘く感じられる．また正月などに経験することであるが，スルメを食べたあとミカンを食べると苦く感じる．このように先にとったものの味が，後に食べるものの舌に質的な影響を与えることはよくある．このような現象を変調現象と呼んでいる．対比現象も変調現象も，先に味わった味が後で味わう味に影響を与える現象であるが，対比現象は第2の味を強めたり弱めたりすることをいうのであり，変調現象は味の質そのものが変化するものである．

対比現象と同様，この変調現象も多数のものの試食，試飲の時に配慮する必要があり，前に味わったものの影響を除くためにうがいをするなどの注意が必要である．

11.3 相乗効果

昔からだしをとる時，コンブとかつおぶしを併用するのが普通であり，グルタミン酸ナトリウムが市販されるようになってからは，かつおぶしか煮干しでだし汁をとり，それにグルタミン酸ナトリウムを加えるのが一般になっている．動物性だしにはイノシン酸が含まれており，イノシン酸とグルタミン酸を併用するとそのうま味が著しく強くなることがわかってきた．昔からコンブとかつおぶしを併用したのは，このイノシン酸とグルタミン酸の相乗効果を利用していたわけである．

相乗効果というのは，元来，薬理学の用語で，同じ症状に対して有効な2種類の医薬A，Bを併用するとき，効果がAとBの和として期待されるよりもはるかに大きくなる場合のことで“協力作用”とも呼ばれている．

グルタミン酸とイノシン酸の相乗効果は非常に顕著なもので，例えば，食塩1%溶液にグルタミン酸ナトリウムを0.02%加えたもの〔A〕，イノシン酸ナトリウムを0.02%加えたもの〔B〕はいずれも塩味のみでうま味は感じられない．しかし，〔A〕と〔B〕を同量混合すると，強いうま味〔A+B〕が出てくる．つまり次のようになる．

〔A〕+〔B〕<〔A+B〕

このうま味の相乗効果を積極的に利用したものが“複合調味料”である．

11.4 相殺効果

相乗効果と反対に，ある味が他の味の存在によって著しく弱められることがある．これは相殺効果と呼ばれている．

しょうゆ中には14〜18%の食塩と0.8〜1.0%のグルタミン酸が含まれている．“塩から”にはイカの塩からやカツオの塩からなどがあるが，これには17〜25%の食塩が含まれる．食塩の20%溶液は実にしおからくて，ひっくりかえるほどであるが，しょうゆや塩からなどでは確かにからいことはからいが，からさが単なる食塩の20％溶液に比べればずっと少なく感じるのは，グルタミン酸などのアミノ酸の存在によるものである．

サッカリンは人工甘味料の代表的なものであるが，これは苦味があるのが欠点である．しかし，この苦味は少量のグルタミン酸ナトリウムを添加することによって著しく緩和される．

オレンジジュースに少量のクエン酸を加えると甘味が減少したように感じ，砂糖を加えると反対に酸味が弱まったように感じる．

すまし汁やスープなどの場合，味つけをして，塩味が薄いのは，後で食塩やしょうゆなどで適当に直すことができるが，塩味の濃過ぎるものはなかなか始末に困る．水を後から加えて稀釈するなどというのは調理の面では下の下の策といわれている．この場合多少濃い程度であれば，グルタミン酸ナトリウムやアラニンなどのアミノ酸の添加などで塩味をまるくすることができる．これらのグルタミン酸ナトリウムがしおから味，酸味のかどをとり，和らげる作用は相殺作用の一つである．調理とか食品加工の調味の時に，この相殺効果も充分考慮する必要がある．

11.5 味を変える物質

ある物質の化学構造の一部を変えるとその呈味性が変わることはよく知られている．ここではそういう化学的な変化ではなくて，つまり，味物質の化学構造を変えるのではなくて，味覚受容器の機能を変化させることによって，味物質の味を変えることができるという2，3の例を紹介したい．なお，このような，味覚受容器の機能を変える物質は味覚変革物質（taste modifier）と呼ばれている．

11.5.1 ミラクルフルーツの活性物質

西アフリカ産の真赤な木の実で，長さは2〜3 cmで繭のような形をしたもので，ミラクルフルーツと呼ばれているものがある．アフリカ西海岸の原住民は酸っぱいヤシ酒などを飲んだりする前に，この実を食べておく．すると，不思議なことに，酸っぱいはずの酒が甘くなる．酒に限ったことではなく，この実をしばらく口に含んでから，酸っぱいもの，例えばレモン，グレープフルーツ，イチゴなどを味わうと，すべて甘く感じる．同様にクエン酸のような有機酸でも塩酸のような無機酸でも甘く感じる．ミラクルフルーツの名はこの不思議な作用に由来する．

このミラクルフルーツ中の不思議な物質は種々の研究の結果，分子量約44,000のタンパク質であることがわかり，これにアラビノースとキシロースという糖が含まれている．このタンパク質そのものは甘くなく無味である．このタンパク質を3分間口に含んでから水で口をゆすいでも，3時間以上この不思議な効き目が残る．酸味以外の甘味や塩味，苦味にはこの効果がない．苦いものは苦いし，甘いものがそれ以上甘くなることはない．

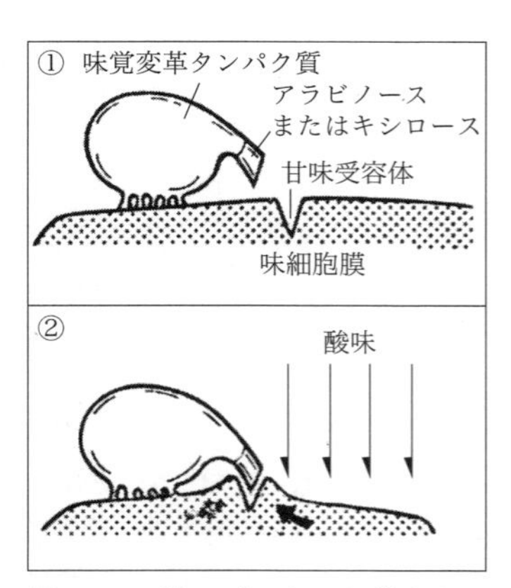

図 11.1 酸っぱいものを甘くする作用

この活性物質はミラクリンと名付けられている．この作用については次のような説がある．図11.1に示したように，舌の味細胞膜には甘味受容体があって，砂糖などがここに入るようになっている．このミラクリンはすぐその近くにくっつく．ところが，酸味物質がやってくると，味細胞膜が変化し，タンパク質から突出している糖（アラビノース，キシロース）が甘味受容体にすっぽり入るのだろうというわけである．

11.5.2　甘味を抑制する物質

インドに Gymmema sylvestre という植物がある．タウワタ科に属するものである．この植物の葉を噛んだ後には，ショ糖，サッカリン，サイクラミン酸塩などの甘味物質の味を数時間にわたって感じなくなる．この特異的な物質はギムネマ酸（gymnemic acid）と呼ばれるもので，4 基本味のうち甘味だけを抑制する．しかし，その作用機序はまだ明らかでない．

11.5.3　チョウセンアザミ

チョウセンアザミは古くから，利尿，催淫剤として用いられてきたものであるが，この作用の他，この植物を食べた後，飲料を飲むと甘く感じられることがみとめられている．この物質の本体はクロロゲン酸とサイナリンのカリウム塩で，これらが水を甘く感じさせる作用を持っている．これらの物質を口に 2 分間含んだ後，水を味わうと甘く感じられる．このチョウセンアザミの抽出物の 2.75%溶液 10 mL を口に含んだ後，水を味わうと，その甘味は茶さじ 2 杯の砂糖を 6 オンス（177 mL）の水に溶かしたもの，すなわち砂糖の約 5.5%溶液の甘味に相当するといわれている．

12. 味　　覚

われわれは砂糖や塩を舐めて，甘いとか，しおからいと感じる．この味の感覚は簡単にいえば，鼻や口の感覚器に化学的な作用を与える物質分子が接触することによって起こる．このような感覚は化学物質によって引き起こされるものであるから化学感覚といって，視覚，聴覚，触覚などの物理的感覚と区別されている．味覚と嗅覚はいずれも化学感覚であるが，これらの感覚を感じる器官は発生学的にはまったく異なる過程で形成される．味覚を感じる器官（味覚受容器）は上皮細胞が分化したものであり，嗅覚を感じる器官は脳細胞自身に由来する．

味覚生理は大きく分けて，末端味覚受容器，味覚神経，および脳中枢の三つの部分の構造に焦点をおいて考えられている．

12.1　味の受容器

味の感覚は砂糖や食塩などの呈味物質の刺激によって生じるもので，味を感じる場所は下等動物ではほとんど全身に分布しており，人間や高等動物の場合，舌の表面に限られている．

われわれ人間の舌の表面はざらざらであって，乳頭というごく細かい突起で覆われている．図 12.1 と図 12.2 に示したように，この乳頭にある味蕾(みらい)と呼ばれる小さな細胞群でわれわれは種々の物質の味を感じる．この乳頭はその形状により，医学上，糸状乳頭，茸(じ)状乳頭，葉状乳頭，有郭乳頭に分類される．糸状乳頭は最も小さい乳頭で舌の前 2/3 の部分に主として分布し，最も数が多い．しかし，糸状乳頭には味蕾はまったく存在しないので，味覚の受容には関与しない．茸状乳頭，有郭乳頭および葉状乳頭に味蕾が分布している．茸状乳頭は直径 0.8〜1.0 mm，高さ 1.0〜1.5 mm のキノコ状で比較的大きい．この乳頭は主として舌尖や舌側縁部に分布し，大人で総数 150〜400 個といわれている．葉状乳頭はヒトではあまり発達していないが，主として舌の後部 1/3 に分布している．有郭乳頭は最も大きな乳頭でヒトでは直径 1〜1.5 mm, 高さ約 2 mm あり，舌根部に 6〜15 個が V 字型に分布している．

味蕾はこれらの乳頭の溝のひだに沿う上皮中に存在する．味蕾は幅 40 ミクロン，長さ約 70 ミクロン程度である．味蕾は味細胞と支持細胞から成っているといわれていたが，最近は主として味細胞によって味蕾が構成されていることがみとめられている．この味蕾は図 12.2 に示したように卵円形で，乳頭の周囲の輪状溝に味孔が開口し，水に溶けた呈味物質はこの味孔から味蕾に入り，味細胞を刺激することになる．1 個の味蕾中の味細胞の数は 5〜18 個である．

幼小児ではこのような味蕾が硬軟両口蓋(こうがい)から，咽頭壁(いんとうへき)にまでも分布しているが，成人では舌部に限られている．成人の舌には総数約 10,000 個の味蕾があるといわれているが，老人では生理的に働く味

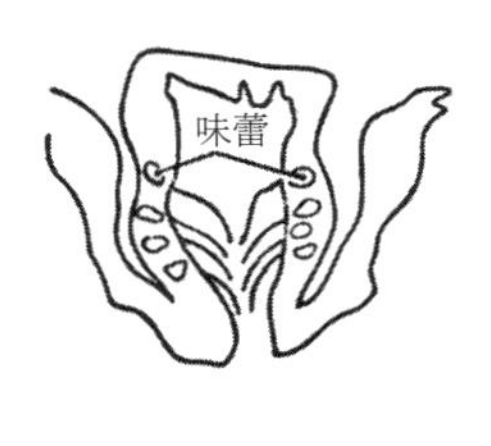

図 12.1　乳頭と味蕾

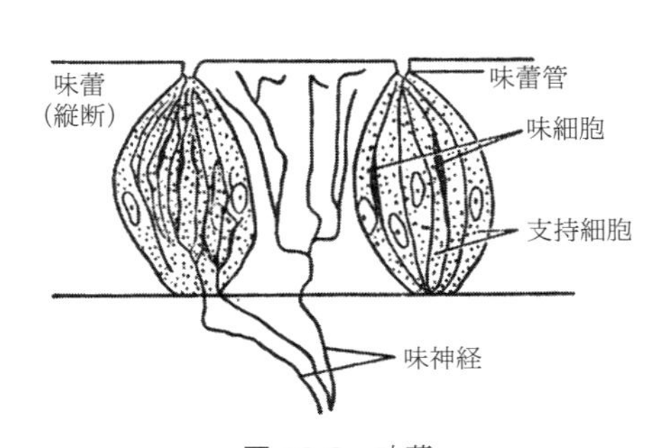

図 12.2　味蕾

蕾の数が減少する．

すべての味蕾の構造は一見したところ同一のようにみえるが，各味蕾中にある味細胞には機能の面で特性があると考えられている．

味は舌表面の広い範囲で感じられるが，舌の部位によって味に対する鋭敏さが多少相違する．従来，教科書や専門書などに，舌の異なる領域で異なる味を感じる味覚分布地図が存在すると記載されていたが，現在では味覚特性は，うま味を除く他の4基本味は，舌の全ての領域でほぼ同じであり，場所による味覚の偏在はないとされている．うま味に対しては舌咽神経支配領域の舌後半部位の感受性が高い．

12.2　味覚神経

前述のように，呈味物質の刺激で味細胞が興奮状態になると，その模様は直ちに神経によって中枢に伝えられる．味覚神経の働きは電気的に測定することができる．このような研究方法を電気生理学的測定というが，味覚の電気生理学的な研究はスウェーデンのZotterman教授によってはじめられ，甘，酸，鹹，苦の4種類の基本的な味と，その他に動物の種類によっては，普通の水（蒸留水）によって生ずる味細胞興奮の伝達があることが明らかにされた．

個々の味細胞からの味覚伝達はそれぞれ別個の神経線維(せんい)によって中枢に送られる．神経線維はあまり長くないので，脳までの間には多くの中継が必要である．図12.3に示したように，延髄(えんずい)，中脳，視床などがその中継所であって，電話や電信の中継所と同じような役割を果たしている．

味の情報を脳に伝える神経には図12.3に示すように種々のものがある．舌の前部2/3の味覚を伝える味覚神経線維は鼓索(こさく)神経の中

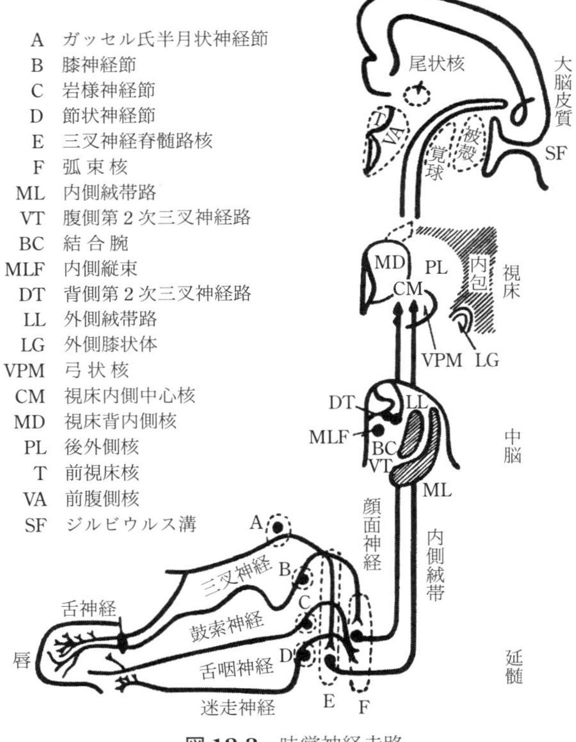

図 12.3 味覚神経走路

を，後部1/3のものは舌咽(ぜついん)神経の中を，口蓋部からのものは顔面神経の枝である大浅岩様神経と呼ばれるものの中を走っている．この他，迷走(めいそう)神経の中にも味情報を伝える神経線維が含まれていて，これは咽喉(いんこう)部からの情報を伝えるのに関与している．いずれも直径数ミクロン程度の細い神経線維で，一つの神経に1,000～5,000本含まれている．

12.3　味覚の中枢神経機構

大脳皮質に味覚中枢と呼ばれるところがあって，味覚神経はここで終わっている．この個所は非常に重要なところで，もし手術，病気，その他によって，この部位が破壊されると，味覚がまったく失われてしまう．

延髄，中脳，視床などの神経核は，単に味覚伝達の中継を行うだけでなく，反射活動を司る重要な器官である．唾液（だえき）の分泌，ものを吐き出す動作などは脳からの指令によらなくても，延髄などからの反射によって起こる．

味覚神経からの信号は延髄の弧束核にまず入り，ここから味覚の第2次ノイロンが発し，視床に入り，視床からの第3次ノイロンが大脳皮質の味覚領に入るというのが味覚のメカニズムである．

12.4　食品の味覚問題に対する神経生理学の応用

以上のように，呈味物質を舌に与えた場合，味覚神経から前記のような信号を記録することができる．このことから，各種呈味物質の効果を客観的に分析することができる．

例えばグルタミン酸ナトリウム，イノシン酸ナトリウム，グアニル酸ナトリウムなど一般にうま味調味料として用いられているものの溶液をネコの舌表面にそそいだ場合，味覚神経線維中，塩に対して特徴的に反応する神経線維のあるもの，および糖に特徴的に反応する線維のあるものなどから著明なインパルスを記録できる．いいかえれば，うま味調味料の味の情報は塩線維や糖線維に属する味覚神経線維を介して脳に送り込まれることが推察される．

前述のように（81ページ参照），イノシン酸とグルタミン酸には

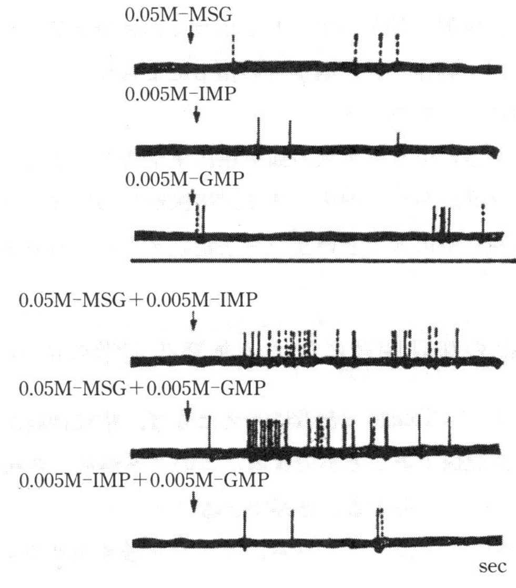

図 12.4　うま味調味料の単品および混合物に対する味覚神経線維の応答
（MSG と呈味ヌクレオチドの混合でインパルスの頻度が顕著に増加する）

うま味の相乗効果があることが知られている．グルタミン酸ナトリウム（MSG），イノシン酸ナトリウム（IMP），グアニル酸ナトリウム（GMP）に対する味覚神経線維の応答は図 12.4 の上部のようであるが，MSG と IMP，MSG と GMP の混合液ではインパルスの頻度が図 12.4 の下部のように顕著に増加している．また，IMP と GMP では顕著な増加はみられない．以上のことから，官能検査で明らかにされている呈味の相乗効果は味覚受容器のレベルですでに生じていることが明らかである．

また，基本的 4 原味質溶液のそれぞれにグルタミン酸ナトリウムを加えると味覚神経反応が特徴的に変化する．例えば，食塩水にうま味調味料を加えた場合には相殺効果が生じ，キニーネ溶液に加えた場合には味覚神経反応は抑制される.

なお，油についてもこれらの電気生理学的手法を同様に適用してみた結果は，油により生じる味覚神経の活動はまったく見出すことができず，結論として，油の味はいわゆる味覚とは関係のないものであるとされている.

12.5 味覚受容に関する最新知見（まとめ）

5つの基本味として認定されるには,

① 単一の呈味物質が存在すること

② その呈味物質に対する受容体が存在し，味神経を活性化すること

③ 他の4基本味では作り出せない独立した味であること

の3点を満足しなければならない.

5基本味を受容するレセプターとしては，表12.1に示すものが発見されている.

表12.1 5基本味の受容レセプター

5基本味	受容体／イオンチャンネル	味細胞タイプ
甘　味	GTP結合型受容体（T1R2/T1R3）	Ⅱ型
酸　味	イオンチャンネル（PKD1L3/PKD2L1）	Ⅲ型
塩　味	イオンチャンネル（ENaC）（T2Rs）	Ⅰ型，Ⅲ型？
苦　味	GTP結合型受容体（T2Rs）	Ⅱ型
うま味	GTP結合型受容体（T1R1/T1R3）	Ⅱ型

注1）GTP結合型受容体：細胞外の神経伝達物質などを受容しシグナルを細胞内に伝えるタンパク質共役型受容体で,7回膜貫通型受容体とも呼ばれる.

注2）Ⅲ型？：「味細胞タイプⅢ型も塩味の受容に関与している可能性が示唆されている」ことを示す.

舌の表面の大部分は，多数の味蕾と呼ばれる味細胞（味覚受容細胞）が詰まった味覚受容器で覆われている．食品中の呈味成分は味細胞の味覚受容器を刺激する．味覚受容器は繊毛上に味覚を感知する味覚受容器（レセプター）が発現しており，呈味物質がレセプターに結合することで，近くの味神経繊維に神経信号（インパルス）を起こさせる．この神経繊維は味覚を司る脳神経（鼓索，舌咽，迷走神経）であり，発生したインパルスは脳へ伝わり，脳はその信号を翻訳してそれぞれの味として認識する．

また，最近の研究では，味細胞と類似した細胞が，味蕾だけでなく，食べ物の摂取，消化，吸収に関わる体の各種の臓器に存在することがわかってきた．例えば，胃にはうま味を感じる仕組みが存在することや，小腸，大腸には甘味受容体を発現する細胞が存在することがわかってきた．

文　献

1）河村洋二郎，“食欲の科学”，p.150，医歯薬出版（1972）
2）佐藤昌康，“味覚の生理”，‘新調理科学講座，第2巻（調理と物理，生理）’，p.200，朝倉書店（1973）
3）熊倉功夫，伏木亨　監修，“だしとは何か”，p.192，アイ・ケイコーポレーション（2012）

13. 油 の 味

かけそばとたぬきそばは値段は大きなちがいはないが，あげ玉が入っているだけの違いで，たぬきそばの方がずっと味が複雑でうまいように思われる．また，マグロのトロは一部の人々に愛好されているものであるが，このトロには油が50%近く含まれている．種々の生野菜に塩をふりかけてたべるよりもドレッシングをかける方が多くの人々に好まれる．これらの事実は食品の味に油が何らかの形で関与していることを物語っている．

小幡弥太郎教授は，「油脂を合成するグリセライドは1, 2の例外（triacetin，tributyrinは苦い）を除き，無味，無臭であるが，天然の油脂はいろいろの微量成分を含み，これが異味，異臭の原因となるが，完全に精製すれば化学的な味は存在しない．われわれが油脂の味として感知するのは微量成分の混入によるか油脂の触感である．胃に入ってからも粒子の粗大なものや精製のわるいものは圧迫感を与えモタレルという現象を呈する．油脂の味はほとんど触感と考えてよいが，触感を支配するものは油脂の粒子の大小，口中に形成される油膜の厚さ，溶解性（流去性），乳化性である」と述べている．

食品の味については甘味，しおから味，酸味，苦味，うま味などに大別して，それらの味に関与する成分や味覚の伝達経路なども前述のようにかなり詳しくわかっているが，脂質の味には不明な点が多い．

一般にいろいろな種類の油の識別（例えば，大豆油とゴマ油の識別）はにおいにもとづいて行なわれるようである．鼻をつまんで，油をただ飲みこむだけであると，ゴマ油でさえも大豆油と区別がつかない．その意味で，油は味を論ずる場合に，そのにおいを除外することはできない．

油脂のおいしさは，舌後半部に存在する舌咽神経舌枝（ぜついんしんけいぜっし）で脂肪酸の応答があること，マグロのトロは「舌の奥と奥の両側がおいしい」などの報告がある．また，最近の研究によると，油脂の味の口腔内における受容の機構について，口腔内リパーゼによって油脂から脂肪酸が生成して，この脂肪酸がタンパク質共役型受容体に結合して，神経を介して他の味覚と同様に信号を通して行われるものと推測されている．

13.1　食用油の触感

油脂の味は，そのにおいと触感の面から考察するのが適当と思われる．油の触感に関係が深いものは油の融点である．

元来，学術的にも一般的にも常温で固体のものを脂（fat），常温で液体のものを油（oil）と呼んでいる．常温とは普通15～25℃を指すようである．油と脂の区別は習慣的なものがあり，地域的な因子が入っている．例えば，ヤシ油は日本では冬は固形脂であるが，原産地の東南アジアでは常時液体油である．

「砂を噛むようだ」とか「蝋を噛むようだ」などといって“まずい”ことの具体的表現となっているのは高融点油脂，あるいは実際のろうの意味で，何とも表現しにくい独特の触感をいったものと思われる．

このように，油脂は摂取するときに固体であることは一般に望ましくない．例えば，夏期用マーガリンのように高融点の油脂を原料とするマーガリンは口溶けが悪く嫌われるし，また牛脂などの高融点油脂で揚げたフライが冷えたものなどは極めて味気ないものである．栄養学的にみても，体温の前後で融けない油脂は消化吸収率が極めて悪いことが報告されている．

油脂の触感を支配するものとして，油脂の粒子の大小，口中に形成される油膜の厚さ，溶解性（流去性），乳化性などが挙げられる．これらの性質に関与するものは油脂の融点，親水性物質の溶存程度，粘度などである．

13.1.1 油の口溶けの良さ

チョコレートはカカオ豆から特殊な圧搾機で圧搾して得られるカカオ（圧搾粕はココアとなる）と砂糖，練乳，レシチンなどと混合練漬して製造されるが，その主体となるものはカカオ脂であって，時にはカカオ脂の代用品も用いられる．

カカオ脂はチョコレートの芳香を持ち，この香気はカカオ脂特有のもので貴重なものであるが，その性質の他にチョコレート用の油としては常温では硬く，体温以上では狭い温度範囲で溶けることが望まれる．カカオ脂ではグリセリドの約50％がoleo-palmito-stearin（オレイン酸，パルミチン酸，ステアリン酸がグリセリンに結合しているもの）からなっており，一般にカカオ脂トリグリセリドの組成はこれに適している．カカオ脂は完全融点が体温より数度低く，室温では硬くてもろいが，食べた時に口中で完全に溶け，快い，冷たい刺激を与える．

マーガリンは食卓用，料理用，製菓，製パン用など多方面に用いられ，すでにバターの代用品としての地位を越えて，ショートニングとともに重要な食用油脂となっている．マーガリンの品質については各用途においていろいろな性質が要求されるが，直接食卓用とする場合には食べる時の口溶けの良さと，食卓上において，すなわち室温において形の崩れないことが必要である．

そのためには，室温においては油が固体であることを要し，また口中の体温前後においては素直に溶けることが望ましい．したがって，夏季の高温期には体温と室温の差があまりないので，マーガリンメーカーはその原料油脂の配合に苦心を払うわけである．

要冷蔵のマーガリンは必須脂肪酸を多量に含んで，保存安定性がわるく，その油の融点が低いため，保存上多少不便であるが，必ず冷蔵庫で保管することとし，その代わり口どけの良さに重点をおいたものである．口溶けの良さとともにパンなどに塗りやすいものになっている．

近年，マーガリンの固さの調整に使われる「部分水素添加油脂」にトランス脂肪酸が多く含まれるため，トランス脂肪酸を低減したマーガリンが開発されている．トランス脂肪酸を摂る量が多いと，血液中の脂質の一種であるLDLコレステロール（いわゆる悪玉コレステロール）が増えて，一方，HDLコレステロール（いわゆる善玉コレステロール）が減ることが報告されている．日常的にトランス脂肪酸を多く摂り過ぎている場合には，少ない場合と比較して心臓病のリスクが高まることが示されているためである．

13.1.2　油の粘度と食用油の脂肪酸組成

食用油に用いられる油の種類は極めて多いが，天ぷら油，サラダ油に使われる植物油はほとんどが油の分類上半乾性油に属する．

小幡弥太郎教授は「揚げ物に使用してカリカリした触感を与えるためにはある程度リノール酸を含んだ方がよいが，油脂のままで食べる場合はオレイン酸の含量が40～50％のものがうまく感じられる」と述べている．

従来，“天ぷら油”，“サラダ油”として用いられる油は比較的種類が多く，例えば大豆油，ナタネ油，綿実油，トウモロコシ油，ゴマ油，落花生油，ヒマワリ油，サフラワー油，米油などであるが，これらの油はヨウ素価から見ると主として半乾性油に属し，成分的にはオレイン酸，リノール酸型油脂である．

アマニ油などのように，リノレン酸を多量に含む油は乾性が強いので，食用油よりもむしろペイント，ワニスなどの塗料用に利用される．この型の油は酸化をうけると嫌なにおいが出て，また脂肪酸の関係から酸化をうけやすいので望ましい食用油原料とされていない．しかし，これらの油も脱臭直後は嫌なにおいがなく，揚げ物に用いても悪いものではない．

サラダ油の場合は実用上耐寒性が要求される．耐寒性のないサラダ油でマヨネーズをつくり，これを冷蔵庫に保存するとエマルションがこわれて，酢と油が分離するからである．しかし，天ぷら油の場合には耐寒性はあまり問題でない．しかし，ざらつくのも好ましくない．即席ラーメンは広く普及した食品であるが，ラードまたはこれよりも高融点の油（たぶん製品の保存性を考えてのことと思われる）を用いるため，ラーメンを作った後しばらくすると冷えて固形脂がラーメンのつゆの表面に固まることがあり，食味を害するものである．

以上のような面で，油の融点が室温以下であれば，脱臭直後の油は天ぷら油，サラダ油として充分に用いることができるが，実際問題としては，原料の集荷が容易であり，値段が適当であること，保存中ににおいが出にくいことなどの条件を満たすものでないと工業化ができない．

これらの点から，実際に広く，天ぷら油，サラダ油として用いられる油の種類は，ナタネ油などの若干の例外を除いて，上述のようなオレイン酸，リノール酸を主体とした油に限定されている．

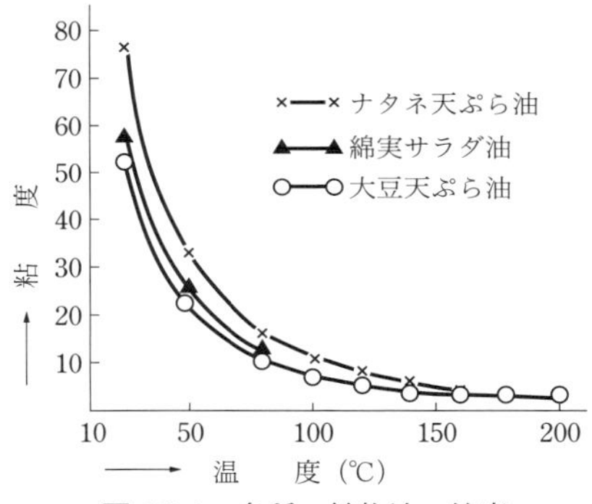

図 13.1　各種の植物油の粘度

それらの液体油の中でも，ナタネ油と大豆油のように，室温において粘度がかなり異なるものがある．しかし，これらの油は図 13.1 に示すように 100℃以上になると，その粘度はいずれもほとんど差がなくなるので，揚げ物の場合（一般には 160〜180℃で行われる）にはどの油もだいたい同様な挙動を示すものである．一般に用いられる植物油においては，精製の程度が充分であれば，その粘度の差は味覚上ほとんど問題にならない．

13.1.3　油脂の存在状態

ありふれた食品として，落花生とウナギと卵黄を選んだ場合，どれが一番脂っこいと感じるであろうか．実際のこれらの食品の水分と油脂含量は表 13.1 に示すとおりで，実際の油脂含量と脂っこさの感じは逆になる．

表 13.1　食用油脂の含量

食　品	水分（%）	油分（%）
落花生	7.6	46.6
ウナギ	60.7	18.0
卵　黄	49.5	32.5

このことは，食品中の油脂の分布が食品の味に関係が深いことを端的に示すものであると思

われる．魚などの場合，かなり油がのっているのに油の存在を感じさせない場合が少なくない．これは筋肉タンパク質に脂質がうまく分布しているためと思われる．

13.2 油脂を構成する成分と油の味

13.2.1 脂肪酸組成

一般の鰻丼のウナギは全部養殖ウナギであるが，高級なウナギ屋では天然のウナギ蒲焼を出す．この両者の味は明らかに違いがあり，養殖物がひどく濃厚な味であるのに対し，天然物はたとえ油がのっていてもあっさりしている．このように味の違いが出るのは主として油の性質が違うためで，そのウナギの油のヨウ素価を調べてみると天然ウナギは100前後であるのに対し，養殖ウナギでは130～150である．その油の脂肪酸組成をみると，養殖ウナギにはC20ペンタエン酸，C22ヘキサエン酸などの高度不飽和脂肪酸が多く含まれているが，天然ウナギにはほとんどこれらの酸がない．これらの脂肪酸組成の相違は主として餌の相違であって，養殖ウナギはその餌にサンマ，イワシ，サバなどの高度不飽和脂肪酸を多く含む魚が与えられるためである．

13.2.2 遊離脂肪酸

遊離脂肪酸は未精製あるいは半精製の油に1%前後存在し，また加熱酸化油や酵素作用をうけた油にもかなりの量が含まれる．乳製品のフレーバーに酪酸などの低級脂肪酸が関与することはよく知られている．

脂肪酸鎖長の異なる各種脂肪酸の味の閾値を表13.2に示した．

この結果をみると，酪酸がもっとも低い閾値を持つ．すなわち，

表 13.2 脂肪酸の特性臭および閾値

脂 肪 酸	特 性 臭	閾 値 (ppm)		
		水	油	ミルク
酪 酸	バター，変敗臭	6.2	0.66	25
カプロン酸	バター，変敗臭	15	2.5	14
カプリル酸	変敗臭	5.8	350	23
カプリン酸	セッケン臭，変敗臭	3.5	200	28
ラウリン酸	セッケン臭		700	
ミリスチン酸	セッケン臭		5000	

もっとも味が強く感じられる．鎖長が伸びるほど閾値が高くなる，すなわち，味が感じられにくくなることを示している．Siek らはバター中のカプリン酸およびラウリン酸はセッケン様の後味が強いと述べ，薄木，金田は加熱大豆油中の遊離脂肪酸には炭素数 12 以下の脂肪酸が 14％前後含まれ，そのため，加熱油から分離した遊離脂肪酸を新鮮大豆油に添加すると，生臭い感じあるいは乳製品様の風味を与えるという．

脂肪酸過酸化物は一般に無味であると報告されており，またケトステアリン酸およびオキシステアリン酸は無味であるとのべられている．

脂肪酸メチルエステルの酸化によって生ずる非揮発性含酸素化合物やダイマーは一般に無臭であるが，無味ではないという．脂肪酸メチルエステルの過酸化物を蒸留して得たダイマーを新鮮油に 2％添加すると油は苦くなると報告されている．

13.2.3 不ケン化物

油脂に含まれる不ケン化物としては，量的に多いのはステリンと炭化水素である．前述のように，油を口に入れた時にまず感じるのはにおいと触感である．アルデヒド，ケトン，ラクトン，アルコールの類は多くの油脂中の揮発性成分の主要なもので，従来，においとの関連で論じられてきた．これらは一般に，においとしての閾値が低く，個々に，あるいは相乗的あるいは拮抗的に油の味に関与しているものと思われる．

不ケン化物のなかで，ステリンは量的には多いものであるが，ステリンは油の味に影響を持たないようである．金田らの加熱大豆油の味に関する研究でも，加熱大豆油中のステリンは新鮮油の味を変えなかったと報告されており，お茶の水女子大学の松元，島田教授の油の“重い”“軽い”に関する研究でも，ステリンは植物ステリンも動物ステリンも，油の“重い”“軽い”に影響がなかったと述べている．

油脂中には炭化水素が存在し，油によってはかなり多く含まれるものがあるが，炭化水素は常識的にはフレーバーに関与することは少ないものと考えられている．

しかし，落花生油中の不飽和炭化水素である hypogene（$C_{15}H_{30}$）や arachidene（$C_{19}H_{38}$）は，強いにおいと吐き気をもよおす味を持っていたと報告されており，金田らの加熱大豆油の味に関する研究でも，炭化水素の味におよぼす影響が大きいことが述べられている．

脂肪族炭化水素でも特殊な構造を持つもの，例えば 1 位に不飽和結合を持つものなどは，ある程度のフレーバー能を持つようである．炭化水素にもこの他，芳香族炭化水素やテルペン系炭化水素などがあるが，これらのにおいや味はまだよくわかっていない．

近年の研究によると，植物ステロール（ステリン）がコクを増強することが明らかになっている．たとえば，西村敏英教授は 0.05% のβ-シトステロールを市販の中華スープに添加すると，「スパイシーな香り」と「後残りの香り」が増強し，味わい全体での「うま味」，「濃厚さ」，「口に残る」，「複雑さ」が有意に増強されたことを報告されている．

13.3　食用油のにおい

一般に食物の味を論じる場合に，そのにおいを無視することはできないが，特に食用油の場合には，そのにおいの良否が油の品質を判定する決め手になることが多く，油のにおいを除いて油の味は論じられないものである．

天ぷら店はゴマ油のにおいを強調する店と，においの少ない淡白なものを尊ぶ店と二つの系統があるようである．一般人の好みも同様で，ゴマ油のにおい，あるいはナタネ赤水のにおいなど，あまり精製しない油のにおいを好む人と，白絞油（しらしめゆ）やサラダ油のように，においのない油を良いとする人とがいる．これは好みであるとともに，料理の種類にもよるもので，例えば，豆腐の薄揚げと野菜やヒジキなどの煮つけのようなものでは，においの強い油を用いたものの方が好まれることもある．しかし，最近は，一般に淡白な油が好まれる傾向にあり，サラダ油が揚げ物に消費される量が増えているのは，そのあらわれと考えられる．

油のにおいの好みについては，小幡弥太郎教授は「習慣的嗜好性がみられる」と述べている．例えば，日本，中国などの東洋民族はゴマ油独特の香りを好む人が多いが，日本に観光に来る欧米人のなかには，あのにおいはunkoのにおいに近いといって嫌がる人もいる．南洋の原住民はヤシ油の酸敗臭に慣れてこれをいとわないそうである．トウモロコシ油の変敗臭も人によってはそれをむしろ油らしいにおいとみるようである．

従来，舌で感じる“味”と鼻で感じる“におい”を分けて論じることが多いが，内鼻孔を通って嗅覚で感じる成分もあり，元来はにおいと味は切り離して考えにくいものである．フレーバー（flavor）という語は味を含めたにおいの意味で使用されている．なお，においの良いものに“匂”，悪いにおいに“臭”の字をあてることが多いが，良いにおい，悪いにおいの区別は主観的で，濃度によって，良くも悪くもなる物質も少なくないので，ここでは“におい”としてあらわすことにする．

13.3.1 未精製油のにおい

未精製の油は，それぞれ油によって特有のにおいを持っている．原油のにおいはその油のもどり臭と類似性を持つという人もいるが，まったく同じにおいではない．油の用途にもより，また使用する人の好みにもよるが，この特有のにおいを珍重する場合も少なくない．インドにおけるギー，エジプトのサマ，あるいは一般のバター，マーガリンのように特別にいろいろな処理を行って特有のにおいを付与するものもある．

1） ゴマ油のにおい

ゴマ油は日本では古くから様々な料理に広く用いられた．中国料理でもゴマ油は随所で適切に使用される．いうまでもなく，ゴマ油のにおいが珍重されるためである．このゴマ油のにおいは極めて強いにおいで，純粋なゴマ油がごく少量他の油に混合されても，ゴマ油のにおいが検知される．ゴマ油のにおい成分については，特殊なものとしてグアヤコール，フェノール，フルフリルアルコール，2-アセチルピロール，2-ホルミルピロール，2-アセチル-3-メチルフラン，アセチルピラジンなどが単離同定され

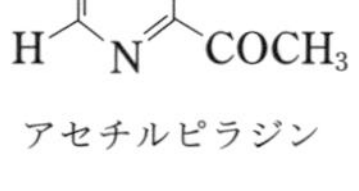

アセチルピラジン

ている．このなかでアセチルピラジンはゴマ油の香ばしい香りの主成分と考えられている．

含硫化合物としては硫化水素がかなり多く含まれている．ゴマ油の香気は軽い香ばしさと，しつこい重厚味のある香ばしさの混ざったものであるが，前者に関与しているのは硫化水素の他に低沸点含硫化合物や種々のアルデヒド類と考えられている．

2）　ナタネ油のにおい

ナタネ油のにおいについては物質の本体は未だ完全にわかっていないが，このにおいは十字花植物の種子油に特有のもので，硫黄を含んだ化合物であると推定されている．ナタネのにおい成分としてメチルメルカプタンが検出されている．

ナタネ油の搾ったままのものを湯で洗って製品とするナタネ赤水と呼ばれる種類のものがあり，この油は一部の油揚げ業者からは根強い需要がある．このナタネ赤水のにおいについては，硫黄臭が強いものが良いというメーカーと，硫黄臭がないものが良いというメーカーがあり，それぞれ固有のお得意先をもっている．

13.3.2　保存中に発現するにおい

油や揚げ物製品などは，初めは無臭でも長期間保存するといろいろなにおいが発現して，そのために商品価値が下がる．この油の保存中に発現するにおいは変敗臭，もどり臭などと呼ばれている．油の極めて初期の酸化で生じるにおいをもどり臭と呼び，かなり酸化が進んだ状態のにおいが変敗臭である．

1）　もどり臭

魚油などの海産動物油は貯蔵中に魚のようなにおいがでてくる．このにおいは精製する前のにおいとよく似ているので，「においがもどった」といっている．大豆油などの植物油を貯蔵するときにも保存中に嫌なにおいがでてくる．この場合は，脱臭前のにおいとやや異なったにおいであるが，それでもやはり，上述の魚油の場合と同様ににおいがもどったという．大豆油の場合，もどり臭は最初，“バターのような”または淡い“豆のような”ものであるが，それがさらに“草のような”あるいは“乾草のような”感じとなり，さらに“ペンキのような”においとなり，最後に魚臭となる．ペンキ臭以後を変敗臭とみなすこともある．

このにおいのもどりの問題は，大豆油の消費量が多いこともあって，主として大豆油に集中している．

もどり臭の本体，またその原因物質については多くの説が提出されている．S. S. Chang らはリノレン酸から生成すると考えられる 2-ペンテニルフランがその本体であると述べている．

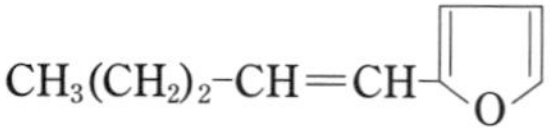

$CH_3(CH_2)_2-CH=CH-$(フラン環)　　$CH_3-CH_2-CH=CH-CH_2-$(フラン環)

2-(1-ペンテニル)フラン 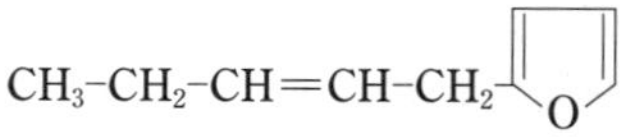　　2-(2-ペンテニル)フラン

2） 変敗臭

酸素が充分に存在する状態で油が長く貯蔵された時，多量の酸素を吸収して，激しい刺激臭を発生することを変敗あるいは酸敗と呼んでいる．変敗の現象は日常の生活とも縁が深いので，古くから研究の対象となり，すでに 1800 年代から，化学的作用によるものであるとか，微生物の作用によるなどの論争が行われた．変敗臭成分については，すでに 1899 年にアルデヒド様物質であることが推定された．1940 年代に入って，自動酸化した綿実油から，変敗臭成分として $\Delta^{2,4}$-デカジエナール，Δ^2-オクテナールおよびヘキセナールが分離された．その後，ガスクロマトグラフィーの進歩に伴い，変敗臭成分中に極めて多くの化合物がみつけられている．

変敗臭成分が油の種類や変敗の時期によって相違があるか否かを調べた結果では，酸化の程度の異なる大豆油の場合には，酸化の進行に伴い，各ピークの量は急激に増加するが，成分的変化はほとんどみとめられなかった．トウモロコシ油，大豆油，オリーブ油を比較すると *n*-カプロンアルデヒド，2-ヘプテナールなどのリノール酸分解物が主であって，比較的よく似たものであった．しかし，細かくみれば，トウモロコシ油の場合にはリノレン酸の分解物と考えられる成分が減少し，オリーブ油の場合にはオレイン酸分解物と推定される成分の存在が特徴的であった．

変敗臭は多種類のアルデヒドの混合されたにおいとされている．

13.3.3　酸化以外の原因による油のにおいの劣化

油が酸化されると以上のように種々のにおいが発現するが，その他，油はいくつかの原因で，においが悪化する．

その一つは加水分解で，主として，バター，マーガリンやショートニングなどの比較的不飽和度の少ない油に起こりやすい．この悪臭は酵素作用によって生じる酪酸，カプロン酸，カプリル酸などに起因する．

もう一つはケトン変敗である．ケトン変敗は C_5〜C_{14} の比較的低分子の飽和脂肪酸を含有する脂肪，例えばバター脂，ヤシ油などにおこりやすい．微生物類はヤシ油脂肪酸をケトンにまで酸化することができる．例えば，アオカビにより，ヤシ油からメチルアミルケトン，メチルノニルケトンなどが生成する．チーズ中に C_3 から C_{11} までの奇数炭素のメチルケトンのあることが知られており，これらのメチルケトンはチーズのにおいの一部となっており，メチルアミルケトンはブルーチーズのにおいの特徴になっている．

13.3.4　アルデヒドなどのにおい

以上のように，種々の油脂が酸化されたり，加水分解されたりして生成する成分としては，脂肪酸，アルデヒド，ケトン，アルコール，炭化水素，ラクトンなどがある．これらの化合物はそれぞれ異なるにおいを持ち，その検出限界量（閾値）にも大きな相違がある．これらのうちで，古くなった油のにおいに最も関連が深いのはアルデヒドである．

表13.3は各種アルデヒドをパラフィン油に溶かして，味およびにおいの閾値を測定したものである．

アルデヒドの味の判定は，実際は鼻腔中の臭気受容器上で行われるものである．表13.3によれば，においよりも味の方が閾値が低い．

なお，アルデヒド相互間にはフレーバーの相乗作用あるいは拮抗作用がみられることがある．例えば，2-トランス-4-トランス-デカジエナールの共存下では3-シス-ヘキセナールのフレーバーが非常に弱くなるとか，13.2 ppmの3-シス-ヘキセナールと12.5 ppmの2-トランス-4-トランス-ヘプタジエナールとを混合するとフレーバーがまったく消えるとかの現象がみられる．

また，ミリスチン酸以下の脂肪酸はそれぞれにおいを持っている．これらの脂肪酸は元来は油脂中ではグリセリドとして存在する

表13.3　各種アルデヒドの閾値　(ppm)

C数	飽和アルデヒド	におい	味	2-*t*-アルケナール	におい	味	2-*t*-4-*t*-アルケジエナール	におい	味
3	プロパナール	3.6	1.6						
4	ブタナール	0.15	0.024						
5	ペンタナール	0.24	0.15	ペンテナール	2.3	0.32	ペンタジエナール	0.27	0.036
6	ヘキサナール	0.32	0.15	ヘキセナール	10.0	2.5	ヘキサジエナール	10.0	0.46
7	ヘプタナール	3.2	0.042	ヘプテナール	14.0	0.63	ヘプタジエナール	1.0	0.15
8	オクタナール	0.32	0.068	オクテナール	7.0	1.0	オクタジエナール	2.5	0.46
9	ノナナール	13.5	0.32	ノネナール	3.2	0.1	デカジエナール	2.15	0.28
10	デカナール	6.7	1.0	デセナール	33.0	5.5			
11	ウンデカナール	6.8	0.1	ウンデセナール	15.0	4.2			
12	トデカナール	3.0	0.046	ドデセナール	36.2	6.3			

が，加水分解で生成することもあり，アルデヒドがさらに変化されて脂肪酸となることがある．

ケトンは量的にはアルデヒドより少ないが，特に乳製品のフレーバーとして重要である．代表的なケトンはメチルケトンである．

δ-ラクトンは乳製品の，γ-ラクトンは果実の重要なフレーバーである．バターに5〜10 ppm 存在すると好ましいフレーバーであるが，量が多すぎると嫌われるにおいとなる．

13.4　油の“重い”“軽い”

調理関係で時々「この油は重い，この油は軽い」というような表現が行われる．この場合，同様の油でも，その銘柄あるいは古さなどによって，重い，軽いと表現されるので，もちろん比重に相違があるわけではない．油が重いあるいは軽いと感じられる原因については，前にお茶の水女子大学の松元，島田教授はこの問題についていろいろな実験を行って以下のような結果を発表している（表 13.4 参照）．

その実験は A，B，2 種の油を用意し，同じ条件でパンを揚げ，これを特定の味覚審査員 20 名に試食してもらい，どちらの油で揚げたものの方がうまいか，また軽いと感じるかを答えてもらうのである．A の油はゴマサラダ油を用い，B の油はゴマサラダ油にゴマ油から予め抽出したゴマ油の不ケン化物を 0.5%，1%添加したものを用いる．この結果を表 13.4 の上部に示した．

この表にみられるように，ゴマ油不ケン化物を 1%添加した油で揚げたものは 20 人中 18 人から“重い”と判定されている．すなわち油の“重い”“軽い”はゴマ油の不ケン化物の有無が関係するようである．不ケン化物にもいろいろな成分があり，量的に多いものではステリン，脂肪族アルコールなどである．ステリンとして，大豆油ステリン，コレステリン，脂肪族アルコールとしてセチルアルコール，n-$C_{16}H_{33}OH$ を選び，表 13.4 に示すような添加量で同様の試験を行った．これらの結果は表のようで，調理時や揚げパン製品にもにおいの発生や移行はみとめられたが，いわゆる油を重い感じにするものではなかった．

フィトステリンでは，その添加によりにおいにも大きな差異を生じない．また，コレステリン添加油は加熱により，バターくさいような動物性らしいにおいが油から立ち昇った．しかし，油の軽い感じ，重い感じの概念と，コレステリン添加による味わいとは異質なものであった．セチルアルコール 1%，2% および 3% 添加したものは化粧品くさい，あるいは石鹸のような，あるいは香料のようなに

表 13.4　油の軽さに対する不ケン化物添加の影響

添加物	試料油脂		おいしいと答えた人数		軽い感じと答えた人数	
	A	B	A	B	A	B
ゴマ油ケン化物	ゴマサラダ油	0.5	16.5*	3.5	11	9
		1	18***	2	18***	2
フィトステリン	〃	1	12	8	8	12
		2	12	8	7	12
コレステリン	〃	3	11	9	12	8
		5	8	12	8	12
		7	16.5*	3.5	10	10
セチルアルコール	〃	2	13	7	9.5	10.5
		3	14	6	12.5	7.5

*　危険率　5%
***　　　　0.1%　｝の有意差あり．

おいは感じられたが，油の“重い”“軽い”とは関係がなく，また遊離脂肪酸も3，5および7%添加しても“重い”“軽い”に関係がなかった．ゴマ油のにおい，未脱臭油，アルデヒド添加などのテストから，ごくわずかのにおい成分が，油を重い感じにする．あたかも油の粘度が異なるかのような感じを舌に与えているのは興味深いことに思われる．

13.5　5味におよぼす油の影響

サラダ油はマヨネーズなどのサラダドレッシングとして用いられることが多い．

マヨネーズは水中油滴型のエマルションであって，いわば酢などの調味液中に油滴が存在している型である．こういう水中油滴型のエマルションについて，油滴があることにより，5味の濃度差識別能力がどの程度，水溶液のみの場合と異なるかを試験してみた．

食塩3%水溶液とサラダ油1：1のエマルションおよび，食塩3.3%水溶液とサラダ油1：1エマルションをつくり，これを味覚審査員に与えて，どちらが濃いかを識別してもらったところ，59の正解があり，28の間違いがあった．

以下同様にして，食塩3%水溶液と3.15%水溶液のエマルション，3%と3.075%のエマルションなどについて識別試験を行った．これらの識別試験を食塩，酢酸，ショ糖，グルタミン酸ナトリウム（MSG）について行った結果を表13.5に示した．

以上の結果を水溶液単独の場合に比較すると表13.6のとおりである．

表13.6にみられるように，食塩水エマルションの場合，濃度差10%（食塩3%と3.3%）で識別可能なのに反し，食塩水では濃度

表 13.5 エマルション中の食塩，ショ糖，酢酸，MSG の各濃度差識別

	比較する濃度（%）	濃度差（%）	パネル		正解数	誤数	有意差	危険率（%）
			人数	くり返し				
食　塩	3.00 と 3.30	10	29	3	59	28	あり	0.1
	3.00 と 3.15	5	29	3	46	41	なし	—
	3.00 と 3.075	2.5	29	3	42	45	なし	—
酢　酸	0.50 と 0.55	10	30	3	58	32	あり	1
	0.50 と 0.525	5	30	3	54	36	なし	—
	0.50 と 0.515	3	30	2	34	26	なし	—
ショ糖	5.00 と 5.50	10	30	2	47	13	あり	0.1
	5.00 と 5.25	5	30	2	40	30	あり	1
	5.00 と 5.125	2.5	30	2	32	28	なし	—
MSG	0.10 と 0.115	15	30	2	45	15	あり	0.1
	0.10 と 0.110	10	30	2	40	20	あり	1
	0.10 と 0.1075	7.5	30	2	35	25	なし	—

表 13.6 5 味の識別可能濃度差

	水溶液	エマルション
しおから味	5%	10%
甘　　味	5%	5%
酸　　味	10%	10%
う　ま　味	5〜10%	10%

差 5% で識別可能である．したがって，油のエマルションの場合には多少識別能力が下がる傾向が見られる．

サッカリン，キニーネ，カフェインを油，水，メチルセルロース水溶液の 3 溶媒に溶かして弁別値を求めたところ，いずれも水に溶かした方が油に溶かしたものよりも検出しやすく，とくにキニーネは水よりも有機溶剤に溶けやすいにもかかわらず，同様な傾向を示したという．また油と粘度を同じにしたメチルセルロース水溶液に上記の 3 物質を溶かした場合は，油に溶かした場合よりも検出しやすかったという．これらの結果から，この実験を行った Mackey は，

呈味物質として感じるためには唾液に溶けることが必要で，脂溶性の有無にかかわらず，まず水溶性の必要があると結論している．

エマルション食品でも，マヨネーズとマーガリン，バターでは，前者は水中油滴型，後者は油中水滴型で，その型が違うために食味は著しく異なる．マヨネーズは水溶性の呈味物質が直接舌に作用するので，なめたときにすぐ明らかに酸味を感じるが，マーガリンやバターではまず油の成分が舌に作用するので，全体としてあぶらっぽい感じを受け，そのあと塩味を感じる．

以上のように，油脂が存在すると，食品の味が変えられたり，弱められたりすることは日頃もよく経験するところである．普通の食品の呈味物質は一般に水溶性であるから，舌が油で被覆されると，水溶性の呈味物質は味受容体および臭受容体への移動に影響を受け，そのため，閾値（最低呈味濃度）が上昇することになるのだと思われる．油は食品の味をまるくすると料理の専門家がよくいうのはこのことであろう．

13.6 食品の味と油

ここでは魚，食肉を例として，食品の味と油の関係について考察する．

13.6.1 魚のうまさと油

1） 旬について

魚介類の最もうまい季節を旬（シュン）と呼んでいる．この時期の魚は焼いても煮ても，さしみで食べてもうまいものである．この旬は魚介類が最も肥えたときで，呈味成分の増加も影響すると思われるが，一番目立つのは油脂分が増加していることである．魚介類の味は産卵，環境，年齢，性別，漁場によって異なるので，もちろん油の含有量だけでは決まらない．

産卵期の前に旬となる魚は非常に多い．ブリ，サワラ，コノシロ，ニジマス，シラウオ，ヒガイ，モロコ，ナマズ，マナガツオ，イシモチ，マダイ，キダイ，ブダイ，マグロ，ヒラメ，ムシガレイ，ハゼ，ヤリイカ，スルメイカ，フグ，タコ，カキ，アカガイ，イワシなどが晩秋または真冬から早春にかけて油がのりうまくなる．

夏産卵するものはその前の春にうまく，例えばマス，トビウオ，ホウボウなどである．また秋に産卵するものはアユ，スズキ，チダイ，アイナメ，アワビなどで，これらの魚介類は産卵期の秋の前の夏にうまくなる．また魚は夏に旬となるものが多くて，ドジョウ，ハモ，キス，カマス，イサキ，アジ，カツオ，メカジキ，エゾアワビなどは産卵期が夏でこの季節が最もうまいといわれている．

これらの魚介類は多少の例外はあっても，ほとんどのものが産卵期まで，含油分が次第に増加して，産卵期を過ぎると，含油分が急に落ちる．

また幼魚は一般に肉質が軟らかく，油が少ないが，成長するにつれて肉質が硬くなり油分も増えてくる．しかし，エキス成分は大差がないようである．年齢によって旬が違うものもある．例えば，コノシロ，ブリは冬が旬であるが，その幼魚のシンコおよびイナダ，ワカシは夏が旬になっている．マグロも冬うまく夏まずいけれども，その幼魚のメジは年中変化がない．

鮮度によっても味が変化する．例えばサバの生腐れといわれるくらい，赤身の魚は一般に自己消化が早くて肉質が軟化しやすいものであるが，しかし味の点ではやや鮮度が落ちたときの方がうま味を増すようである．例えば，マグロ，ブリ，サバなどは漁獲直後よりも，数日間低温貯蔵した方が味の点ではうまくなる．白身の魚は古くなるほど味が落ちるようなので，新鮮なものほど喜ばれる．この場合は魚の油の含量にはほとんど相違がない．

したがって，魚介類の味は油の含量だけで決まるものではないが，その産卵期と関係があり，魚が卵を産み始める1～2ヵ月前が特にうまくなり，この頃を旬と呼び，その頃には油がのっていることが多い．

2)　魚肉のなかの油

魚肉にはタイ，タラ，ヒラメのように脂肪含量の少ない白身のものと，俗に青魚と呼ばれる赤身のサバ，ブリ，イワシなどに大別される．このうち白身の魚は海底近くに棲み，あまり運動しないものが多く，一方，赤身の魚には海の表面近くを活発に動きまわる活動性のものが多いが，この両者の間には様々な相違がある．成分からみると，最も大きな違いは脂肪の含量で，白身の魚には油が少ないけれども，赤身の魚は油分に富んでいる．また，白身の魚に含まれる脂肪量は年中それほど違いがないのに反して，赤身の魚は季節によって大きく変動する．

魚体に貯蔵される脂肪には組織脂肪と貯蔵脂肪の2種がある．このうち組織脂肪はだいたい一定量が貯えられているが，貯蔵脂肪は魚の栄養状態や季節，年齢によって増減する．魚に油がのっているかどうかはこの貯蔵脂肪の多少による．

魚体の部位によって味が違うことはよく知られている．例えばマグロの腹側の肉はトロと称して，すし種として喜ばれている．トロの部はエキス成分を調べると背肉よりかえって少ないくらいであるが，トロの部は筋が少ないためと油の含量が多いため，独特の食感があり，これが喜ばれるものと思われる．トロの部は冬になると40%くらいの脂肪を含むようになる．背部の肉では5%くらいである．冬のマグロは油がのってうまいと一般にいわれるが，それはトロの部に油がのっているためである．夏のマグロは冬のものに比べて著しく脂肪量が減少するが，それでもトロの部には10％以上の脂肪が含まれている．

人間の嗜好は習慣性が強くて，まちまちであるが，一般には日頃食べ慣れているものをうまいと思うことが多い．そのため同じ魚種でも，地域により，うまい，まずいが一致しない場合もある．例えばカツオは回遊魚であるから，捕れる場所が全国にわたっている．わが国では初夏から秋にかけて黒潮に乗って，鹿児島，高知，静岡，宮城から北海道南まで北上する．かつおぶしとしてはあまり油がのらないときがよく，土佐節が最良とされているのは，この辺でとれる時期のものが最適の原料であることも原因している．北上するにつれて油がのり出し，かつおぶしとしては上等品にならないが，さしみなどの生食用には好適なものとなってくる．特に伊豆半島にかかる青葉の頃から油がのり出し，関東では，有名な「目には青葉　山ほととぎす　初ガツオ」（素堂）の句にもあるように，いわゆる初ガツオの旬となる．このカツオは前記のように南方や鹿児島あたりで獲れるものは油が少なく，あっさりしているが，三陸沖のものはかなり油がのっている．九州や四国の人々は日頃食べ慣れた油の少ないカツオを好み，東北では油ののったカツオを好むことが多いようである．

近年の研究で，魚油に多く含まれるDHA（ドコサヘキサエン酸）やEPA（エイコサペンタエン酸）は，認知症の予防などの健康機能があるといわれているが，同時に魚のコクの増強にも関与していることが報告されている．また，DHAやEPAの初期酸化によって生成したわずかな量のカルボニル化合物は，魚肉中で発生した場合は，不快臭よりむしろ魚肉らしい風味の形成に寄与していると考え

表 13.7　多脂肪魚と少脂肪魚の脂肪含量と DHA および EPA の組成比（%）

分　類	魚　種	組織当たり脂肪含量	DHA	EPA
多脂肪魚（赤身魚）	マアジ三枚おろし	9.8	14.0	7.9
	マイワシ筋肉	10.7	14.5	16.3
	マサバ三枚おろし	4.4〜18.9	9.8〜12.1	4.2〜4.4
	サンマ筋肉	23.1	10.3	22.9
	ニシンフィレー	11.1	5.6	7.5
少脂肪魚（白身魚）	マダラ三枚おろし	2.3	29.5	16.5
	シロイトダラフィレー	1.0	48.8	10.1
	ヒラメ三枚おろし	2.2	20.4	11.2
	サバフグ筋肉	0.6〜1.1	26.1〜34.3	3.7〜5.7

られている．

表 13.7 に多脂肪魚と少脂肪魚の脂肪含量と DHA および EPA の組成比を示した．

表 13.7 では，少脂肪魚の方が，脂質中の DHA や EPA の組成比は高い．トリグリセリドのような単純脂質は魚種間で大きく変動するが，リン脂質含量はあまり変化しないこと，また，DHA などの組成比はリン脂質で高いことを意味している．また，魚の貯蔵，乾燥中に生じるリン脂質からの DHA の遊離が海産魚肉のコクの形成に寄与しているものと推測されている．

13.6.2　食肉のおいしさと油

牛肉，豚肉，鶏肉のおいしさには，アミノ酸や核酸系の呈味成分に加えて，香り，テクスチャーに関連する油脂成分が関与している．これらの食肉に含まれる脂質の含量と融点，脂質を構成する脂肪酸の量を，表 13.8 に示す．

脂質含量は，食肉成分中でも変動幅が大きく，肉の種類，部位，

表 13.8 食肉の脂質含量とその性質

食肉の類		脂質 (g/100g)	脂質融点 (℃)	飽和	一価不飽和	多価不飽和
和牛（生）	サーロイン	47.5	40〜50	16.29	25.1	1.12
	赤肉　ヒレ	15.0		5.79	6.9	0.49
豚肉（生）	肩ロース	19.2	36〜46	7.26	8.17	2.1
	赤肉　ヒレ	1.9		0.56	0.57	0.24
鶏肉（若鶏生）	胸（むね）	11.6	30〜32	3.53	5.52	1.54
	腿（もも）	14.0		4.30	6.61	1.82

年齢によって異なる．動物体内では，皮下，腎周囲，筋肉間などの脂肪組織に存在する「蓄積脂肪」と筋肉・組織内にある「組織脂肪」とに分類される．おいしい和牛の「霜降り」と呼ばれる肉は，筋肉内で脂質が霜のように白い斑点状に，細かく多量に分散した状態の肉を指す．

1） 牛肉の脂質とおいしさ

日本では，適度な柔らかさがあり多汁性に富んだ食感が好まれるため，霜降り（脂肪交雑，サシ）の多い牛肉が高値で取引される．特に和牛肉は，その柔らかさと加熱時に甘く脂っぽい独特の香り（ラクトン系の化合物など）がその特徴とされている．この香りの正体は脂質から発生する．

牛肉の脂質は，量だけでなく質が重要で，融点が低く，口当たりの良い滑らかなものがおいしさの決め手である．この脂質の融点には脂肪酸組成が関与し，特にオレイン酸等の融点の低い一価不飽和脂肪酸含量の高いものの方が風味が良い．

牛肉脂質の脂肪酸組成に影響を及ぼす要因は，次の５項目が報告されている．①品種では，黒毛和種の方がホルスタインより不飽和脂肪酸が多い．②性別では，雌牛の方が雄牛より多い．③出荷月例では，月齢が遅い方が多い．④遺伝子的要因，すなわち血統によって異なる．⑤飼料給与，季節，去勢時期によって異なる．

2） 豚肉の脂質とおいしさ

豚肉では，豚特有のフレーバーがあって，嗜好性がヒトによって異なる．おいしいと評価される豚肉は，豚特有のにおいが少なく，脂も重くなく，あっさりとした舌ざわりなどが挙げられている．

おいしいと評価される豚肉では，その脂質を構成する脂肪酸のうち，オレイン酸含量が高いものが好まれている．

3） 鶏肉の脂質とおいしさ

鶏肉では，脂質含量は10％強と比較的低含量であるが，脂質関連物質としてのアラキドン酸がおいしさの要因であることが明らかにされている．

一般においしい鶏肉と評価される比内地鶏（秋田県比内地鶏認証）では，ω-6脂肪酸であるアラキドン酸（$CH_3(CH_2)_4(CH=CHCH_2)_4(CH_2)_2COOH$）含量が，ブロイラーより有位に高く，うま味，コク，後味が強く嗜好性が高いことが確認されている．

また，鶏肉のアラキドン酸は，飼料にアラキドン酸を加えることによって，その含有量が増加することも認められている．

文　献

1）平尾子之吉，“油脂化学本論”，上，p.18，風間書房（1948）
2）小幡弥太郎，“食品の色，香，味”，p.250，技報堂（1961）
3）小原正美，“食品の味”，p.5，光琳書院（1966）
4）D. A. Forss, *J. Agr. Food Chem.*, **17**(4), 681 (1969)
5）薄木，金田，“油脂の味”，油化学，**19**，612（1970）
6）金田尚志，“油の味”，油化学，**12**，179（1963）

7) C. D. Evans *et al., J. Am. Oil Chemists' Soc.*, **37**, 452 (1960)
8) 薄木，金田，油化学，**18**，252 (1969)
9) 竹井，中谷，小林，山西，農化，**43**，667 (1969)
10) 太田静行，"食用油のにおいの成分"，油化学，**17**，2 (1968)
11) 加藤秋男，"油の臭成分について"，油化学，**19**，620 (1970)
12) 島田淳子，"揚物の味に関与する油の要因"，調理科学，**1**，20 (1968)
13) S. Patton *et al., J. Am. Oil Chemists' Soc.*, **36**, 280 (1959)
14) A. Mackey, *Food Res.*, **23**, 850 (1958)
15) B. Lowe, "Experimental Cookery", 4th Ed., p.517, *John Wiley, Inc.*, N. Y. (1955)
16) 松元文子，"てんぷらの衣"，調理科学，**1**，4 (1968)
17) 市川朝子，"てんぷらの衣の香気成分"，調理科学，**6**, 229 (1973)
18) 西村敏英，"食品のおいしさを改善するコク増強物質のチョイ足し技術"，月刊フードケミカル，(9)，23 (2017)
19) 山野善正　監修，"油脂のおいしさと科学"，p.15, p.77，エヌ・ティー・エス (2016)

14. 種々の食品中の呈味成分

多くの食品はそれぞれ独特の味を持っている．天然食品の味を論じるときには，まず，その食品のエキス中の成分組成をできるだけ明らかにした後，そのデータをもとに，オミッションテスト（omission test）といって，分析値どおりに再配合した合成エキスから，グループごと，あるいは個々の成分をオミットして，それらの対象食品の呈味に対する関与度を調べ，その食品の含有成分と，その食品の味との相関性を調べるということが普通行なわれる．このテストの過程で，特に変わった呈味作用を示す成分があれば，それらを個々にとりあげて，その呈味成分の価値，例えば実際の調味料成分としての可能性を調べることもある．

種々の食品中に含まれる呈味成分の質と量とを概観し，その賞味される理由を振り返って考えてみよう．

表 14.1 種々の水産動物筋肉のエキス窒素量（mg/100g）

種　類	エキス窒素
カツオ，マグロ	700〜800
サバ，イワシ	550
アジ，スズキ	400
タイ，ヒラメ	300
アワビ，サザエ	508
マルタニシ	134
スルメイカ	783
ケンサキイカ	700
ヒラケンサキイカ	734
アオリイカ	836
コウイカ	831
イセエビ	820

14.1 水産物（魚介類）

魚介類には美味なものが多く，呈味に関するエキス量（タンパク質，脂肪などを沈でん剤を加えることにより除いた主として水溶性区分で，呈味に関与する主要成分が存在する）も魚類 1〜5％，軟体類 7〜10％，甲殻類 10〜12％と高い．とくに呈味に重要な影響を与える含窒素成分（エキス窒素量）も表14.1に示すように高いものが多く，魚介類が賞味される理由を裏付けている．

14.1.1　魚介類に含まれるアミノ酸

含窒素エキス成分の主体はアミノ酸で，魚類と無脊椎動物ではアミノ酸パターンに違いがある（表14.2〜14.3）．

魚類では，白身の魚を除いては一般にヒスチジンが多く，とくに赤身の魚に多い．カツオ，マグロなど活発に動く魚に多く，激しい運動には多量のATP（アデノシン三リン酸）が必要であること，ヒスチジンの前駆物質はATPであることなどと関連づけられる．

表14.2　魚肉および無脊椎動物筋肉中の遊離アミノ酸（1）
（鮮肉中 mg/100g）（清水，伊藤，藤田ら）

種類 / アミノ酸	キハダ	ブリ	ニシン	サバ普通肉	サバ血合肉	アジ	コノシロ	チヌ	カワハギ	イシガレイ	ヒラメ	アブラガレイ	コモンフグ
エキス窒素	828	533		460		385	327	331	380				404
タウリン	8.3	58	124				65		372				
アスパラギン酸	±	±	±	9.8	6.3	12	5	17	2	2.6	0.7	1.3	±
スレオニン	1	4	12	9.6	9.0	8.8	16	13	±	14.8	12.0	9.0	14
セリン	2	5	5	6.9	9.2	7.1	7	3.9	6	10.7	7.2	6.5	±
グルタミン酸	4	18	7	20	21	19	±	19	±	6.8	9.8	9.9	4.8
プロリン	±	±	±	5.4	5.3	8.4	±	3.9	±	5.3	3.2	3.3	19
グリシン	5	±	20	54	53	40	22	97	54	33.6	16.1	19.3	83
アラニン	1	28	22	37	39	28	12	27	11	44.6	19.0	20.6	16
バリン	2	5	4	14	13	13	3	5.1	1	3.3	3.1	3.1	2.3
メチオニン	2	5	±	7.3	6.3	4.3	4	1.1	1	0.7	0.9	0.7	±
イソロイシン	2	±	±	9.6	9.6	8.3	4	7.3	1	3.3	3.1	3.6	1.2
ロイシン	4	±	3	14	16	20	5	8.5	2	1.9	2.5	1.2	2.8
チロシン	4	±	±	6.6	6.0	5.3	3	1.1	1	1.1	1.6	1.9	1.3
フェニルアラニン	2	±	±	9.2	9.6	13	2	11	4	1.0	1.3	1.5	2.3
トリプトファン	±	±	±	2.2	2.8	1.6	1	2.0	3	0.3	0.4	0.3	1.0
ヒスチジン	1041	980	88	563	296	163	225	5.4	17	2.8	1.8	1.7	±
リジン	153	36	15	22	22	30	16	13	75	14.5	38.9	13.1	137
アルギニン	6	±	±	6.1	5.7	5.7	4	3.0	3	5.2	5.9	2.8	22

表 14.3 魚肉および無脊椎動物筋肉中の遊離アミノ酸（2）

（鮮肉中 mg/100g）

種類 / アミノ酸	コイ	フナ	スルメイカ	コウイカ	イイダコ	アワビ	ホタテガイ	ハマグリ	アサリ	カキ	イガイ	クルマエビ	イセエビ
エキス窒素			776	868	528	506	—	438	448	—	—	830	846
タウリン		96.2											
アスパラギン酸	2.5～3.3		±	29	29	9	—	32	48	26.1	200.4	—	—
スレオニン	4.9～6.1	10.1	23	53	7.3	82	—	44	29	9.7	30.5	13	6
セリン		14.1	16	112	15	95	6.4	21	20	—	—	133	107
グルタミン酸	7.3～17.6	15.5	26	44	29	109	150.5	249	233	264	317	34	7
プロリン	2.6～6.3		478	379	8.5	83	81.5	17	12	166	29	203	116
グリシン	125.3～198.3	62.2	42	104	23	174	1455	265	530	248	399	1222	1078
アラニン	11.9～37.7	25.5	75	179	15	98	1233	573	220	646	340	43	42
バリン	4.0～5.0	1.1	20	26	9.2	37	29.5	32	18	10.8	14.4	17	19
メチオニン	3.3～11.6	1.1	12	31	3.6	13	2.9	22	15	8.4	9.8	12	17
イソロイシン	3.4～4.8	3.6	15	12	6.3	18	5.4	14	9.8	19.2	24.8	9	17
ロイシン	6.1～8.1	4.0	18	23	6.3	24	8.4	40	18	12.9	15.4	13	12
チロシン	2.1～4.5		4	8.4	1.7	57	5.1	25	15	10.3	12.7	20	11
フェニルアラニン	1.8～2.6		6	9.3	4.3	26	3.2	16	9.7	8.5	9.6	7	6
トリプトファン			1.4	1.6	1.8	20	0.6	4.5	2.5	—	—	—	—
ヒスチジン	32.7～133.0	251.0	140	12	1.8	23	—	7.9	6.9	22.9	12.1	16	13
リジン	18.6～41.0	98.5	9	32	7.6	76	3.1	16	23	22	39.4	52	21
アルギニン	5.8～9.3	18.7	99	280	146	299	32	163	153	66.6	415.5	902	674

軟体類（イカ，タコ，アワビ），甲殻類（エビ，カニ），棘皮(きょくひ)動物（ウニ）などの無脊椎動物では，アミノ酸パターンに特徴的なものが多く，とくに甘味の強いグリシン，アラニン，プロリンなどが主要な成分となっている．

タウリンは，動物肉中に一般的に含まれるアミノ酸であるが，水産動物肉中にももちろん広く分布している．

14.1.2 魚介類のトリメチルアミンオキサイド，ベタインおよびヌクレオチド

その他の含窒素成分として，表 14.4 に示すように，カルノシンアンセリン，バレニンなどのイミダゾール基を持つペプチドが水産

表 14.4　水産動物筋肉中のカルノシン，アンセリン含量（μmol/g）

種　類	ヒスチジン	1-メチルヒスチジン	カルノシン	アンセリン
キハダ(普通肉)	35.5	0	0.3	29.9
〃(血合肉)	13.7	0	2.3	9.3
ビンナガ(普通肉)	39.1	0	1.2	38.9
〃(血合肉)	17.5	0	0.6	13.7
カツオ(普通肉)	76.8	—	1.9	24.5
〃(血合肉)	11.1	0	2.6	1.3
メバチ	30.5	0	0	27.9
サバ	38.7	0	0.2	0.7
ギンダラ	2.1	0	1.4	18.4
メカジキ	0.2	0	0.5	15.5
アメリカマイワシ	49.2	0	0.1	0.3
マスノスケ	1.4	1.7	0.8	11.6
カラフトマス	2.6	0	0	23.0
ギンザケ	3.1	1.5	0.5	25.5
ニシン	15.0	0.3	0.3	0
コノシロ	7.3	0	0.4	0
マダラ	0.2	1.2	0.2	5.0
カマス	8.4	0	0.1	0.1
ホッケ	0.2	0	0	0
スズキ	0.3	0	0	0
カレイ	0.2	0	0	0
ドチザメ	0	0	0.1	0
ニジマス	2.5	0	2.1	0.4
コイ	2.4	0	0.7	0
スルメイカ	1.3	0.2	0.5	0
カニ	0.2	0	0.2	0
エビ	1.2	0.2	2.0	0
ホタテガイ	0.3	0	0.3	0
アワビ	0.3	0	0.5	0
マガキ	0.5	0	0.2	1.6
ザトウクジラ	0.7	0.1	20.0	11.8
マッコウクジラ	0	0	5.2	1.9

動物全般に含まれ，また，甘味を呈するトリメチルアミンオキサイドは海産動物に多く含まれるが川魚にはほとんど含まれない（表14.5）.

表 14.5 水産動物筋肉中におけるトリメチルアミンオキサイドの分布

	和名	含量（mg/100g）
硬骨魚類	サンマ	17
	サバ	31〜38
	マグロ	4
	メカジキ	31〜43
	ブリ	60
	スズキ	0
	タラ	89〜123
	カレイ	64〜39
	ニシン	67〜81
	コイ	2
	ウナギ	0
	カワマス	13（海産）
軟骨魚類	アブラツノザメ	190〜267
	ガンギエイ	86
	ギンザメ	180
軟体動物	オオノガイ	0
	ホッキガイ	0
	ムラサキイガイ	0
	イタボガキ	0
	トリガイ	32
	タコ	24
	ヤリイカ	150〜156
甲殻類	イワガニ	15
	ヤドカリ	36
	タラバエビ	38〜88
棘皮動物	ウニ	0
	ナマコ	76〜86
	ヒトデ	20

イカ，タコ，ハマグリ，エビなどの無脊椎動物には同じく甘味を呈するグリシンベタインが共通的に含まれ，特にエビ類に多い（表14.6）.

5′-ヌクレオチド類は魚類と無脊椎動物では明確に異なり，表14.7に示すように，魚類では5′-イノシン酸が0.1〜0.3％程度含まれているのに対し，無脊椎動物では5′-イノシン酸はほとんどなく，

表 14.6　水産無脊椎動物筋肉中のベタイン含量

動物名	採取時期	ベタイン (mg/100g)	ベタイン態窒素 (mg/100g) (A)	エキス窒素 (mg/100g) (B)	$\frac{(A)}{(B)}\times 100$
スルメイカ	—	571	68.3	848	8.1
マダコ	7月	821	98.2	523	18.8
ハマグリ	〃	803	96.6	586	16.5
クルマエビ	〃	640	76.5	813	9.4

表 14.7　水産動物筋肉中のヌクレオチド含量（mg/100g）

種類	5′-アデニル酸	5′-イノシン酸	種類	5′-アデニル酸	5′-イノシン酸
アジ	6.4	212.6	スルメイカ	163.2	0
シマアジ	7.2	285.4	マダコ*	23.3	0
アユ	7.2	189.0	イセエビ	72.5	0
スズキ	8.4	124.9	トヤマエビ	32.6	0
マイワシ	0.7	188.7	ケガニ	10.1	0
クロダイ	11.0	277.1	シャコ	32.6	17.4
サンマ	6.7	149.5	アワビ	71.7	0
サバ	5.7	188.1	バカガイ	86.5	0
サケ	6.9	154.5	ホタテガイ	102.3	0
マグロ	5.2	188.0	アカガイ**	199.3	0
フグ	5.6	188.7	ウバガイ***	98.6	0
ウナギ	17.6	108.6	アサリ	10.3	0

* 20時間経過（−5℃）　** 10日間経過（−5℃）　*** 2日間経過（−5℃）

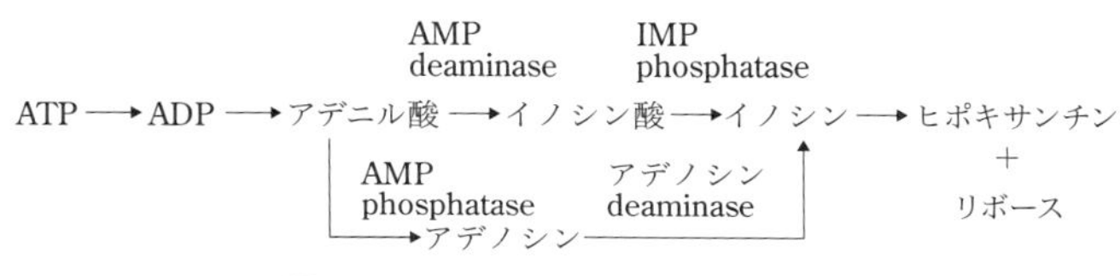

図 14.1　AMP，IMP 関係の酵素系

その代わり 5′-アデニル酸がかなりの量含まれている．これは両者に含まれる酵素系（図 14.1）の違いである．すなわち，無脊椎動物には，AMP deaminase が存在しないためにイノシン酸が生成しない．

なお，貝類には特異的なうま味成分としてコハク酸が含まれている．

14.1.3　魚介類のエキスのオミッションテストによる重要成分

魚介類エキスを全分析し，分析値に基づいて市販の試薬の混合物で合成エキスを調製して，味を再現していることを確認する．これからオミッションテストによって，1 成分ずつ抜いて味に対する寄与度を測定する．この方法による水産物の味に寄与している呈味成分を表 14.8 に示した．

例えば，アワビの重要な呈味成分はグルタミン酸，グリシン，ベタインとアデニル酸であった．グルタミン酸またはアデニル酸のいずれかを合成エキスから除くとアワビ特有の味が失われる．この両成分が存在すると，他の 2〜3 成分を除去してもアワビ特有の味は保たれる．ベタインおよびグリシンは甘味およびうま味を発現するために不可欠な成分であった．

ズワイガニの重要呈味成分は，44 成分からなる合成エキス中 11 成分で，それらはグルタミン酸，グリシン，アラニン，アルギニ

表 14.8 水産物の味に寄与している呈味成分（mg/100g）

	アワビ	バフンウニ	ズワイガニ	ホタテガイ	アサリ
グルタミン酸	**109**	**103**	**19**	**140**	**90**
グリシン	**174**	**842**	**623**	**1925**	**180**
アラニン	98	**261**	**187**	**256**	74
バリン	37	**154**	30	8	4
メチオニン	13	**47**	19	3	3
アルギニン	299	316	**579**	**323**	**53**
タウリン	946	105	243	784	**555**
アデニル酸	**90**	10	**32**	**172**	**28**
イノシン酸	—	**2**	5	—	—
グアニル酸	—	**2**	**4**	—	—
ベタイン	**975**	7	**357**	339	42
コハク酸	—	1.2	9	10	**65**
Na^+	／	／	**191**	**73**	**244**
K^+	／	／	**197**	**218**	**273**
Cl^-	／	／	**336**	**95**	**322**
PO_4^{3-}	／	／	**217**	213	74

注）／：分析せず，—：検出されず，太字は呈味の有効成分

ン，アデニル酸，グアニル酸，ベタイン，Na^+，K^+，Cl^-，PO_4^{3-} であった．

14.2 畜　肉　類

畜肉とは，日本では，と畜場法に基づいたと畜場で，と殺・解体された家畜の肉，牛，豚，馬，羊，やぎの5種類があり，獣肉とは，畜肉以外の食肉をいい，わが国で食されているものは，イノシシやシカの肉である．シカ肉はフランス料理では高価な料理に使われ，冷凍肉が輸入されている．家禽肉とは，肉や卵を得る目的で飼育される鳥の肉で，鶏，七面鳥，ウズラ，アヒル，合鴨（野生の真鴨とアヒルの交配種）などがある．野鳥肉とは，家禽肉以外の鳥類の肉が対象になる．鶏肉は家禽肉に属するが，ここでは，鶏肉を含めて食肉全体を対象とする．

表 14.9　食肉の味の指標と食味に影響する要因と成分

指　標	要 因 及 び 成 分
やわらかさ テクスチャー	・きめの細かさ：筋線維・筋束の太さ・筋周膜の厚さ等 ・結合組織量　：エラスチン・レティキュリン・コラーゲン線維の架橋結合と量等 ・脂肪の交雑度：脂肪の沈着部位と量等 ・し　ま　り　：死後硬直度：ATPの分解・保持温度等 脂肪の質　：脂肪酸組成・トリグリセリド組成・構造・融点等 ・保　水　性　：遊離水量　：死後硬直・pH降下速度・タンパク質変性アクトミオシン線維の解離等
味	・基　本　味　：甘・酸・塩・苦味（糖類・アミノ酸類・ペプチド・脂肪・有機酸類・塩類・ヒポキサンチン等） ・う　ま　味　：アミノ酸・ペプチド・イノシン酸・グアニル酸等 ・油脂の効果　：油脂，脂肪酸のコク味等 ・総合効果　　：相乗効果・相殺効果・対比効果等
香り	・揮発性成分　：固有のもの（揮発性脂肪酸・アルデヒド・アルコール等） 加熱等による成分間反応由来のもの（アミノ・カルボニル反応生成物等）

14.2.1 食肉のおいしさに関与する因子

肉は食品の中でもおいしいものの代表である．一般的に食肉のおいしさは，表 14.9 に示したように調理前の外観と調理後の柔らかさ，テクスチャー，味，香りの 3 つの要素によるところが大きい．

14.2.2 食肉類の遊離アミノ酸とヌクレオチド含量

味に最も深い関係を有する遊離アミノ酸の分析値を表 14.10 に示した．アンセリン，カルノシンが特徴的であり，アンセリンは鶏肉に多く，カルノシンは豚肉に多い．牛肉には両者とも含まれるが，あまり多くない．その他のアミノ酸パターンは比較的平均的である．エキス中のアミノ酸総量はカルノシン，アンセリンなどのペプチドを除くと，赤身魚肉の 350〜800 mg/100g に比べて，50〜300 mg/100g 程度で概して低い．肉のおいしさの主役はこれらのアミノ酸と 5′-イノシン酸と考えられている．

アンセリン，カルノシンのジペプチドは，単独では苦味があるが，うま味やコクに関与し牛肉やウナギの味に関与しているとされている．

また，鶏肉の胸肉の遊離アミノ酸含量では，会津地鶏，名古屋コーチンよりブロイラーの方が高いことが知られている．

一方，うま味に関与するヌクレオチドとして，5′-イノシン酸は，鶏肉で 150〜230 mg/100g，豚肉で 230 mg/100g，牛肉で 80 mg/100g 程度である．

14.2.3 食肉類の熟成に伴う呈味成分の変動

食肉の場合，死後，自己消化がおこり，無味の高分子成分が有味の低分子成分に変化することが，肉の食味に関与する．例えば，アデノシン三リン酸は 5′-イノシン酸に，グリコーゲンはグルコース

表 14.10 鶏肉，豚肉，牛肉の遊離アミノ酸組成（mg/100g）

アミノ酸	鶏肉	豚肉	牛肉
タウリン	203.21	31.44	48.11
アスパラギン酸	3.17	2.62	1.26
スレオニン	4.69	2.62	2.08
セリン	10.31	3.09	3.13
アスパラギン	3.24	0.66	1.78
グルタミン酸	14.51	5.01	7.22
グルタミン	38.71	42.39	77.71
グリシン	9.90	8.84	3.13
アラニン	20.11	17.70	31.41
シトルリン	0	0.94	0
バリン	3.46	4.07	2.76
シスチン	0.16	1.24	0.10
メチオニン	0.39	0.73	0.25
イソロイシン	1.37	1.71	1.46
ロイシン	2.24	2.73	1.89
チロシン	2.03	1.78	1.53
フェニルアラニン	0.06	2.04	0.39
β-アラニン	6.12	5.00	0.76
γ-アミノ酪酸	0.40	0.74	0.69
ヒドロキシリジン	0.18	1.61	0
オルニチン	0	0.43	5.88
リジン	4.65	3.78	4.03
1-メチルヒスチジン	0	0.15	0
ヒスチジン	2.28	1.89	2.66
アンセリン	305.72	14.25	61.08
カルノシン	70.89	402.68	110.37
アルギニン	3.54	2.65	4.10
ヒドロキシプロリン	0	0.12	0
プロリン	0	2.95	0

になり，さらに乳酸になるなどの変化で，食味が濃厚になる．

食肉の熟成日数は，2～4℃で牛肉10～14日，豚肉5～7日，鶏肉1～2日である．この間にペプチドや遊離アミノ酸，5′-イノシン酸が増加する.

牛肉を煮熟したとき，生鮮時の肉のエキス成分と煮熟後のエキス成分を比較すると，アミノ酸，グアニジン化合物などでかなりの相違があるが，特に大きな違いはフレーバーである．調理されて生じる牛肉のフレーバーの前駆物質はアミノ酸，ペプチドと，リボースを中心とする還元糖で，メイラード反応によって，牛肉特有のフレーバーが生成すると考えられている.

14.3 そ 菜 類

そ菜類に含まれる遊離アミノ酸組成を表 14.11 に示した．グルタミン酸，アスパラギン酸，セリン，バリン，アラニン，プロリンなどもかなり多量に存在する．本表には記載されていないが，スイカ，ウリ，ネギ類には，シトルリンが含まれているのが特徴である.

14.3.1 世界的調味料のトマト

トマトは，世界的な調味料であり，トマトピューレ，トマトケチャップとして広く使用されている．特に，トマトの主要な呈味成分は，グルタミン酸，アスパラギン酸，クエン酸，グルコースなどである.

トマトの熟度が進むとうま味が著しく強くなるが，これはグルタミン酸が劇的に約 10 倍にも増加するためである．品種，気候，栽培条件によって影響を受けるが，国産の生食用トマトのグルタミン酸含量は約 40～300 mg/100g，加工用トマトでは 100～300 mg/100g である．米国の赤トマトではグルタミン酸が 430 mg/100g のものもあり，しかもその他のアミノ酸組成が，しょう

表 14.11 そ菜中の遊離アミノ酸組成（mg/100g（生））

	キャベツ	キュウリ	ニンニク	ゴボウ	レタス	ハクサイ	長ネギ	エダマメ	トマト※	赤トマト※
アスパラギン酸	15.9	8.9	39.3	39.6	4.7	12.5	23.1	10.6	22.7	135
スレオニン	9.7	3.2	1.3	10.7	10.2	15.9	7.3	7.1	5.5	27
セリン	22.7	19.4	111.9	6.4	7.4	17.6	35.0	18.3	7.8	26
アスパラギン	29.3		53.1	206.0	71.0	22.3	41.0	442.0		
グルタミン酸	30.9	15.6	220.7	22.6	11.1	59.0	48.5	87.3	93.6	431
グルタミン	252.1	84.3	471.1	26.1	97.6	128.3	106.9	21.4		
プロリン			202.6	58.2	+	14.5	+		106.1	15
グリシン	2.3	6.4	n.d.	0.7	0.2	5.4	2.1	10.8	1.1	19
アラニン	43.4	20.3	42.0	5.6	4.0	36.8	53.5	211.1	4.1	27
バリン	10.9	3.3	22.5	7.2	5.6	16.6	15.3	7.2	3.2	18
シスチン		2.0						11.7		9
メチオニン		1.6				2.3		4.7		6
イソロイシン	9.4	3.3	6.1	7.3	5.7	12.4	4.3	3.7	3.7	18
ロイシン	2.8	4.3	9.8	3.3	3.2	11.0	9.3	3.7	3.7	25
チロシン		1.8	42.1	8.2	2.3	9.6	11.0	2.4	3.5	14
フェニルアラニン	2.5	1.8	30.3	10.7	3.3	8.1	18.7	1.9	10.6	27
トリプトファン			50.3							6
リジン	3.9	1.3	141.1	11.4	+	11.2	7.5	3.6	5.9	27
ヒスチジン	5.1	1.5	52.5	9.2		8.1	2.4	55.7		14
アルギニン	27.6	7.7		258.1	5.1	10.6	21.4	22.3	3.2	21
γアミノ酪酸				0.6	2.0	6.9	2.1			

※：高田武久：トマトのアミノ酸について（日本家政学会誌 **63**(11), 745（2012）より引用）.
＋：検出されるが定量できない量

ゆの組成に近いなどの特徴がある.

14.3.2 野菜類の調味における特殊な効果

ニンニクには, Allin, γ-glutamyl-S-allyl-L-cysteine sulfoxide, Glutathion などの含硫化合物が含まれており, スープなどのコクを増強する作用がある.

玉ねぎにも各種の香気成分が含まれ, 調理においておいしさの向上など重要な効果を示す. 特に, 玉ねぎを加熱していくと, メイラード反応が進み飴色の加熱濃縮物ができる. これもカレーなどのコクの増強作用を有する. 同時に, 玉ねぎに含まれる植物ステロールが, 香気成分の保持, 広がりに寄与してさらにコクが増強される.

その他, パセリエキスの塩化カリウムなどの嫌味の低減作用や, ブイヨンを作る際に使用されるセロリは, チキンブロスの風味増強に寄与していることなどが認められている.

14.4 キノコ類

キノコのおいしさは, アミノ酸とヌクレオチドが中心で, 独特の香りが関与している. 香り成分としては, シイタケのレンチオニンが有名である.

14.4.1 キノコのアミノ酸

キノコ類に含まれるアミノ酸の含量を表 14.12 に示した. キノコには, ほとんどのアミノ酸が含まれ, グルタミン酸, アスパラギン酸, アラニンなどが多い. 種類ではコウタケ, シメジなどに多い.

表 14.12 キノコに含まれる遊離アミノ酸（mg/100g 生キノコ）（藤原ら）

種類／アミノ酸	栽培					天然		
	エノキタケ	シイタケ	ナメコ	ニオウシメジ	マイタケ	コウタケ	ナラタケ	ホンシメジ
イソロイシン	92.67	79.07	70.75	116.08	80.03	156.55	52.79	73.32
ロイシン	148.26	131.62	108.49	200.01	129.49	245.01	89.23	136.91
リジン	145.63	116.06	75.17	184.41	98.35	195.70	64.15	110.36
メチオニン	42.63	26.19	22.59	37.55	29.59	135.09	21.78	31.29
シスチン	23.46	17.72	13.08	39.78	23.96	39.11	15.09	26.74
フェニルアラニン	141.41	77.88	60.51	134.75	82.73	143.20	53.84	88.73
チロシン	109.19	62.31	43.74	84.21	67.28	116.56	40.45	63.65
スレオニン	106.23	91.31	79.67	135.38	92.59	193.93	61.25	107.34
トリプトファン	37.44	26.97	21.31	42.80	32.41	52.51	18.96	37.39
バリン	116.04	95.07	82.80	147.87	100.51	192.20	65.82	103.09
ヒスチジン	58.47	39.35	33.00	63.18	39.66	76.99	23.24	46.34
アルギニン	111.69	113.69	83.99	176.36	104.36	200.24	62.60	117.77
アラニン	190.39	104.86	110.81	176.14	110.85	246.62	90.87	160.14
アスパラギン酸	162.71	173.75	129.00	300.80	160.34	343.27	105.61	183.58
グルタミン酸	371.84	320.12	212.28	492.86	203.45	588.38	138.06	340.70
グリシン	109.99	81.18	81.18	192.14	97.52	201.00	65.50	110.63
プロリン	97.99	76.35	76.35	150.89	80.80	168.79	56.71	111.51
セリン	103.60	75.05	75.05	183.45	91.04	209.89	66.65	120.18

表 14.13 キノコに含まれる 5′-ヌクレオチド（mg/100g 乾物）（関沢ら）

種類	5′-CMP	5′-UMP	5′-AMP	5′-GMP	5′-IMP	5′-XMP	Total
サクラシメジ	—	12	6	11	—	—	29
シャカシメジ	—	204	76	191	—	—	471
ナラタケ	—	44	62	140	5	—	251
シイタケ	161	58	59	123	—	—	401
ハツタケ	198	249	120	154	—	—	717
ホウキタケ	—	—	14	54	—	—	68
マイタケ	—	84	91	212	—	—	387

14.4.2 キノコのヌクレオチド

キノコに含まれる5' -ヌクレオチドを表 14.13 に示した.

キノコ類には5′-アデニル酸, 5′-グアニル酸, 5′-ウリジル酸などのヌクレオチド類が相当量含まれ, グルタミン酸と相乗効果を示す5′-グアニル酸, 5′-アデニル酸がうま味の主体と考えられる. またグルタミン酸の誘導体で, 5′-ヌクレオチド類との間に極めて強い相乗作用を示すトリコロミン酸, イボテン酸が, それぞれ, ハエトリシメジ, イボテングダケから見出されている.

14.5 海 藻 類

海藻類のアミノ酸組成は概ね類似しており, 表 14.14 に示すようにグルタミン酸, アスパラギン酸, アラニン, グリシンなどが共通して多い. アオノリは, アサクサノリなどの板ノリ原料である.

またマンニット, ソルビットなどの糖アルコールが海藻類に広く含まれ, 呈味に関与している. 特にマンニットは弱いながら爽快な甘味を持ち, コンブ類に多い.

14.6 天然物の味に関与する成分

天然物の味に関与する成分としてはアミノ酸, ペプチド, 核酸関連成分（とくに5′-ヌクレオチド類), 有機酸, 有機塩基類, 糖類, 脂質, 無機塩類など広範囲におよび, さらにテクスチャーの面からタンパク質, 高分子炭水化物なども関与している.

天然物に含まれる水溶性成分（エキス成分）は, 極端にいえば, そのすべてが何らかの形で食味に関係を持っているといってよいが, それぞれの天然食品の味の本質に関与している成分としては比

表 14.14 主な海藻中の遊離アミノ酸（mg/100g 乾物）

	マコンブ(一等品)	利尻コンブ	ワカメ	アマノリ
イソロイシン	8	10	11	20
ロイシン	5	5	20	31
リジン	5	22	35	12
メチオニン	3	10	2	2
シスチン	—	—	—	—
フェニルアラニン	5	4	9	7
チロシン	4	8	10	13
スレオニン	17	29	90	46
トリプトファン	trace	—	6	—
バリン	3	32	11	41
ヒスチジン	1	—	2	10
アルギニン	2	7	37	15
アラニン	150	213	617	1528
アスパラギン酸	1450	533	5	322
グルタミン酸	4100	1702	90	1330
グリシン	9	9	455	24
プロリン	175	133	156	—
セリン	27	22	64	37
タウリン	1	13	12	1324

注）—：検出されず

較的限られている場合が多い．

一般的にいえることは，図 14.2 に示すように，動物性食品ではグルタミン酸とイノシン酸（一部グアニル酸もしくはアデニル酸）がうま味の中心となり，これにグリシン，アラニン，プロリンなどのアミノ酸，乳酸，コハク酸などの有機酸が多くの場合，動物性呈味のベースとなり，これにさらにベタイン，トリメチルアミンオキサイド，クレアチン，カルノシン，アンセリンなどの特殊成分が種々の量比で含まれて，それぞれの独特の味を形成しているといえる．

動物性食品

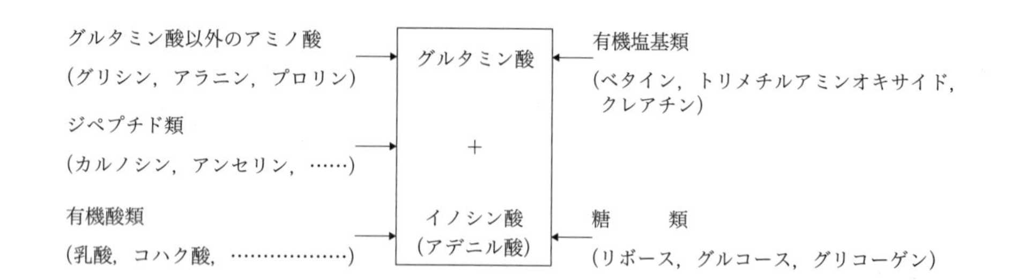

植物性食品

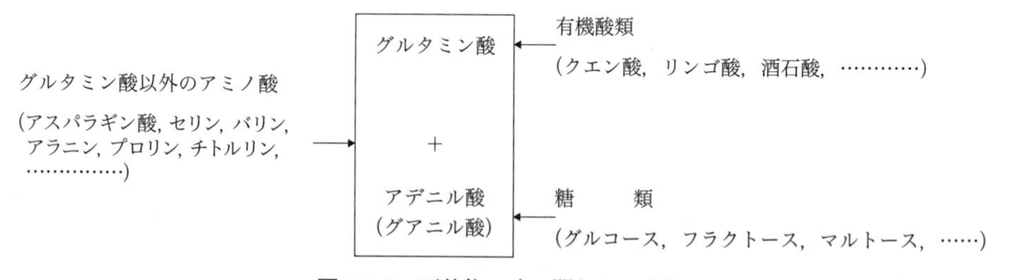

図 14.2 天然物の味に関与する成分

植物性食品ではグルタミン酸とアデニル酸，一部のキノコ類ではグアニル酸がうま味の主体となり，これにアスパラギン酸，アラニン，プロリンなどのアミノ酸も関与してそのベースの味を形成し，果実類にあってはクエン酸，リンゴ酸，酒石酸などの有機酸とグルコース，フラクトースなどの糖類が直接関与して，その成分の種類と糖酸比によって種々の味，風味を形成していると考えてよい．

動物性食品，植物性食品いずれにしても，それぞれ特有の性格，持ち味を持っているが，そのベースとなる呈味成分のパターンには比較的共通した面があり，これに個々の食品の特徴をだす特殊成分が関与していることが多い．

文 献

1) 小俣靖，“食品成分と味”，食品工業，**12**(18), 83 (1969)
2) 橋本芳郎，“水産物の味”，調理科学，**5**, 2 (1972)
3) 鴻巣章二，“魚介類の味～呈味成分を中心にして～（総説）”，日本食品工業学会誌，**20**(9), 432 (1973)
4) 伏木　亨　編，“食品と味”，福家眞也，‘第6章　各種味の性質’，p.155，光琳 (2003)
6) 近藤君夫，“長野県産食肉の遊離アミノ酸”，長野県工業技術総合センター研究報告33号，48 (2005)
7) 山田未知ら，“市販会津地鶏肉における遊離アミノ酸と脂肪酸組成につて”，日本食生活学会誌，**24**(3), 177 (2013)
8) 高田式久，“トマトのアミノ酸について”，日本家政学会誌，**63**(11), 745 (2012)
9) 藤原しのぶら，“キノコのアミノ酸組成”，日本食生活学会誌，**6**(3), 34 (1995)
10) 関沢憲夫ら，“食用キノコ類の5′-ヌクレオチド含量と加工におけるそれらの変化”，日本食品工業学会誌，**39**(1), 72 (1992)
11) 公益社団法人日本栄養・食料学会，“食品の遊離アミノ酸含量表”(2013年1月18日更新） http://www.jsnfs.or.jp/database/database_aminoacid.html
12) 川井田博，“肉のおいしさ”，都甲潔　編，‘食と感性’，p.74，光琳 (1999)

15. 食物の温度

猫舌(ねこじた)と呼ばれる人がたまにいる．ネコと同様に，熱いものを食べられないので，これらの人々は常温の近くまで食物が冷めてからようやく食べ始める．猫舌の人でも，食べる食物の温度には適温というものがあって，たまたまそれが普通の人よりも低いだけのことである．

食品のうまい，まずいは味覚だけでなく，嗅覚，視覚，聴覚，皮膚感覚などが一緒になって決められるもので，特に嗜好は味付け以外のことで左右されることが多い．調製された料理を最も効果的に味わうには料理の温度が適当でなければならない．食物の好まれる温度は食品によってそれぞれ相違があるが，体温を中心に ± 25～30℃の範囲にあり，その両端に位置するものが多い．温かいものは 60～65℃前後，冷たいものでは 10℃前後のものが好まれる．もちろん，これらは気温や湿度，料理の種類と組合せ，個人の健康状態などに影響される．

5 味の項でも述べたように，種々の呈味成分は同じ物質でも温度によって感じ方が異なる．例えば，砂糖はその甘さを感じる最低呈味濃度が体温の 37℃では 0.05％であるが，汁粉を飲む適温の 60℃では 0.2％であり，0℃では 0.4％である．アイスクリームの適温は −6℃辺りといわれるが，アイスクリームとして食べてちょうどよい甘さのものでは，室温で溶けてから舐めてみると，甘すぎて極めて嫌な感じがする．調理された食品を食べる時の適温によって調理法も限定されるが，また材料の配合割合，狭い意味では味付けの程度も左右される．もちろん，調製した料理を最も効果的に供卓する

表 15.1 食品の好まれる温度

	食品名	適温（℃）
温かい食物	コーヒー	67〜73
	牛乳	58〜64
	みそ汁	62〜68
	スープ	60〜66
	汁粉	60〜64
	かけうどん	58〜70
	天ぷら	64〜65
冷たい食物	水	10〜15
	冷やし麦茶	10
	冷やしコーヒー	6
	牛乳	10〜15
	ジュース	10
	サイダー	5
	ビール	4〜8
	アイスクリーム	−6

ためにも食品の摂取適温を知ることが必要である．

各種の食品について，その好まれる温度を表 15.1 に示した．表 15.1 において，室温とかなり離れた温度のものは，食べ始める時の適温である．熱いものは長くおくと冷めてくるし，冷やしたものは次第に温まってくるので，食品はとり始めからとり終わりまでの時間の考慮も必要である．

15.1 熱い方が好まれる食品

天ぷらをうまく食べるコツはいろいろあるが，その一つはとにかく熱いうちに食べてしまうことである．天ぷらは揚げ物の代表的なものである．揚げ物は油を用いて，高温で短時間に調理するところに特徴がある．図 15.1 は豆腐の生揚げのときの各部の品温を経時的に測定したもので，この図にみられるように，油に接する種物の表面の部分は油温に近く，中心の部分は特に種物の厚さが厚いものであるとなかなか温度が上がらない．普通の揚げ物は図 15.1 に示すほど極端ではなくても，内部，外部の温度差がかなりみとめられる．

天ぷらの食べ方には塩をつける場合と，天つゆを用いる場合があり，天つゆに大根おろしを併用する．

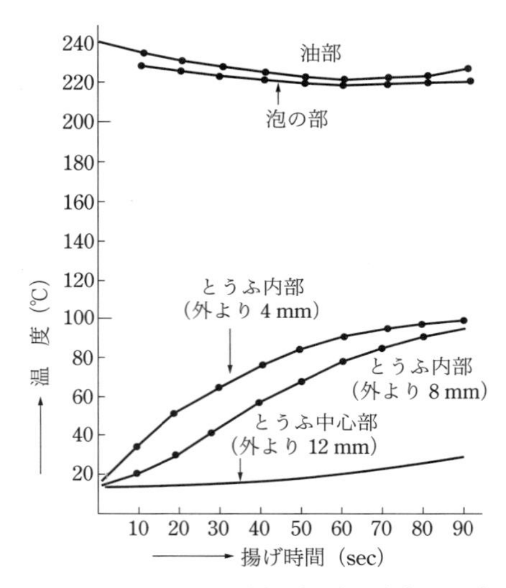

図 15.1　とうふの生揚げの際の各部の温度

この場合，揚げたての天ぷらの品温，内部温度は 90℃以上あることが望ましい．揚げてすぐ大根おろし，天つゆをつけて，口にするまでの時間は約 1 分前後で，このとき口にあたる部分は約 80℃以上で，これは熱すぎる．揚げて油きりにおき，皿に盛り，3 分近く過ぎて大根おろし，天つゆをつけて食べる場合は，かみ口の温度が約 70℃であって，やや熱いが，一般にはこの程度が好まれる．

高温の食品の外部だけを冷ます方法としては，低温の大根おろし，天つゆは巧妙で，しかも食卓での温度調節の余裕が個人に残され，その意味で，揚げたてを食べるお座敷天ぷらは有意義なものと思われる．

あたためて飲む飲料は少なくない．例えば，コーヒー，ココア，紅茶，緑茶，みそ汁，すまし汁，汁粉，牛乳などいろいろ挙げることができる．かけうどんのつゆも同様なものである．

これらの液状食品で熱いものは一口で飲んでしまうことはない．それで，飲み始めてから飲み終わるまでに何分かかかかり，その間に液状食品は次第に温度が低下する．室温が23℃のときに各種の液状食品の品温が低下する状況を調べた結果を図15.2に示した．

この低下の程度は，液体の濃度，粘度によって異なり，すまし汁は温度低下が早く，汁粉のようにでんぷん濃度の大きなものは温度降下が少ない．

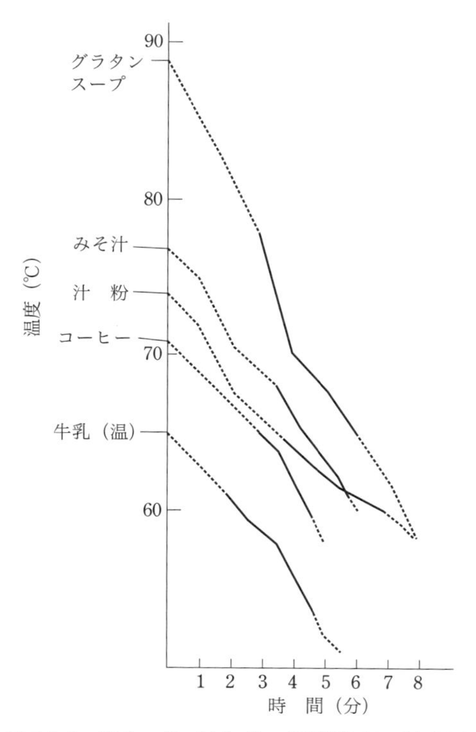

図 15.2 温かい飲（食）物の温度降下と嗜好温度
（室温 23℃），実線の部分がおいしい温度

温度の降下の程度には器の影響が大きく，また例えば，かけうどんの汁の場合，蓋つきと蓋なしの時で，10 分後に約 9℃の差があり，蓋の効果がみとめられる．

液状食品の場合に，一口に含む量は種々のことに関連する．スープではスープスプーンで一さじ 13 cc ずつ飲み，みそ汁では汁わんに口をつけてすすり，一般では一口 20〜25 cc ずつ，全量 150 cc を 6〜8 回で飲み終わる．牛乳では一口に 30cc 以上含むことが多い．

コーヒーの場合は 65℃以下を好む人は少なく，58℃以下はまずく感じる．香りを楽しむ飲み方では 74℃が良いといわれる．コーヒー店のものは供卓時 80℃前後で，砂糖やミルクの混入により 72℃に降下し，3〜4 分でさらに 67℃くらいに降下する．コーヒーはゆっくり楽しんで飲むべきものと思われるが，上記の適温をはずれず，長く楽しむためには，薄手のカップでは早く冷めてしまうので，一般にコーヒーカップは厚手のものが使われる．

あたたかいものの供し方は，適温のものをすぐ供することが必ずしもよいとはいえず，やや高めのものを供し，調節の余裕を与え，個人個人が自由な形で温度を低下させながら食べることが食事の温度の楽しみ方であろうといわれている．

15.2　冷たい方が好まれる食品

冷水は 15℃前後が良いといわれる．本州各地の井戸水の温度は 15℃前後で，15℃前後は水の爽快感も充分にあるが，真夏の昼間には 12℃以下が喜ばれる．10〜15℃は冷感が好まれる大きな因子となる．冷やし麦茶，煎茶も 10℃前後がよいとされる．

アイスコーヒー，紅茶は 6℃前後がおいしいとされる．喫茶店で氷を入れて供されるものは供卓直後は 7℃前後で，かきまぜて一口ずつ飲んでいると2〜3分の間には6℃くらいとなる．氷の量にもよるが時間とともに温度が低下し，語りながら飲み終わる5〜6分間は4〜5℃を保っている．しかし，このあたりではコーヒーは薄まり香りも味も低下するので，2〜3分間で飲むところが適温，適味とされている．

ビールについて次のような調査結果がある．気温15℃，25℃，35℃の3種を選び，ビールの品温2℃，6℃，10℃，15℃の4種をとり，それぞれの気温で最適のビール品温を調べたところ，15℃の気温では10〜15℃，25℃の気温では10℃前後，35℃の気温では6℃前後のビールが，それぞれおいしいとされた．よくビールの飲み頃は8〜10℃といわれているが，上記の実験も，部屋の気温15〜35℃の範囲なら充分にそれを裏付けている．近年，外気温が高く，冷房がきいた環境では，ラガービールの場合，適温は4〜8℃とされている．

アイスクリームは一般に−6℃の辺りが好まれるが，アイスクリームはフリーザーから取り出した後，次第に品温が上昇し，特に表面はやや軟らかくなる．それでアイスクリームは供卓後3分以内に食べるのがよいといわれる．ソフトクリームはさらに変化が早く，2分間くらいで軟らかくなるので，3分以内に食べるのが望ましいが，大方の人は5〜6分で食べ終わっているということである．

室温のまま食べてもおいしく感じられる食品も少なくない．クッキー，キャンデー類は室温で食べてもおいしいものである．蒸しサツマイモなどは蒸したての90℃以上のものを調節しつつ食べるのはおいしく，一方23〜27℃の室温と同温に冷めたものも好まれるが，生温かい温度のものは好まれなかったようである．

15.3 味覚と温度

食品の味のよさと味覚感度とは深い関係がある．味覚感度は試料の温度によって異なり，一般に味覚の感度は試料の温度が低くなると低下し，20〜30℃の常温では鋭敏になる．味覚の温度による変化については，図 15.3 のようにまとめられる．各味覚は常温での感度に比較すると，0℃の感度は，例えば塩酸キニーネなどでは約 1/30 となる．

また温度が変わると味覚の鋭敏さが変わるばかりでなく，甘味や苦味などの味の強さも変わる．

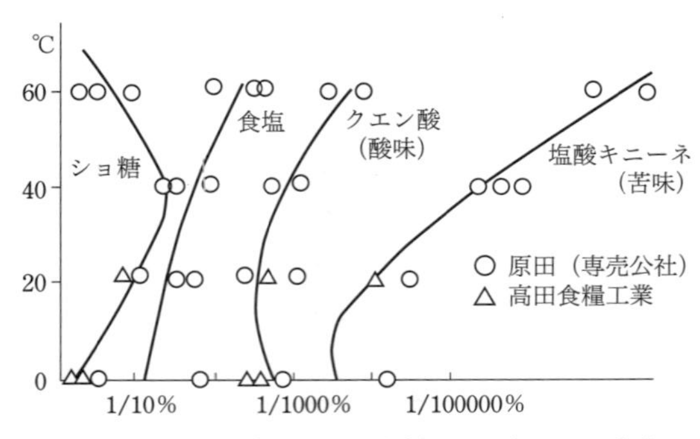

図 15.3 味覚（知覚最小濃度）の温度による変化

文　献

1) 上田フサ，“調理と温度”，‘新調理科学講座，第 2 巻（調理と物理，生理）’，p.200，朝倉書店（1973）
2) SUNTORY お客様センター（Q&A・お問い合わせ）（ビールの一番おいしい温度…）

16. 味と年齢

老年者のなかにはひどく味の濃いものを好む人がいる．大変に渋い茶を平気で飲んでいる老人も少なくない．

現在の老年者と若者とでは育った時代や環境，食物も異なるので，嗜好に相違があるのは当然だが，それだけでは解釈がつかないような事態がしばしばみうけられる．

16.1 5味と年齢

各年齢層における味覚の調査を共立女子大の小川教授が行ったことがある．幼児（4～5歳），小学生（10～11歳），中学生（13～14歳），高校生（16～17歳），大学生（19～20歳），老年者（60～80歳）の各年齢層に分けて，20人ずつについて行ったものである．

甘味物質として砂糖，鹹味物質として食塩，酸味物質としてクエン酸，苦味物質として塩酸キニーネ，うま味物質としてグルタミン酸ナトリウムを用い，その閾値と快適濃度を調べている．快適濃度というのは，最もおいしいと感じる濃度である．

これらの結果を図16.1，図16.2に示した．

甘味については Richter および Campbell が大人の閾値は1.23％，子どもが0.68％と報告しているが，図16.1，16.2でもだいたいこの傾向を示している．つまり，糖については子どもは成人よりも約2倍も鋭敏だということができる．老年者はかなり鈍くなっている．

快適濃度では幼児は底なしといえるほど濃いものを好むものであり，中学，高校になるに従い，淡い濃度を好むようになるが，老年

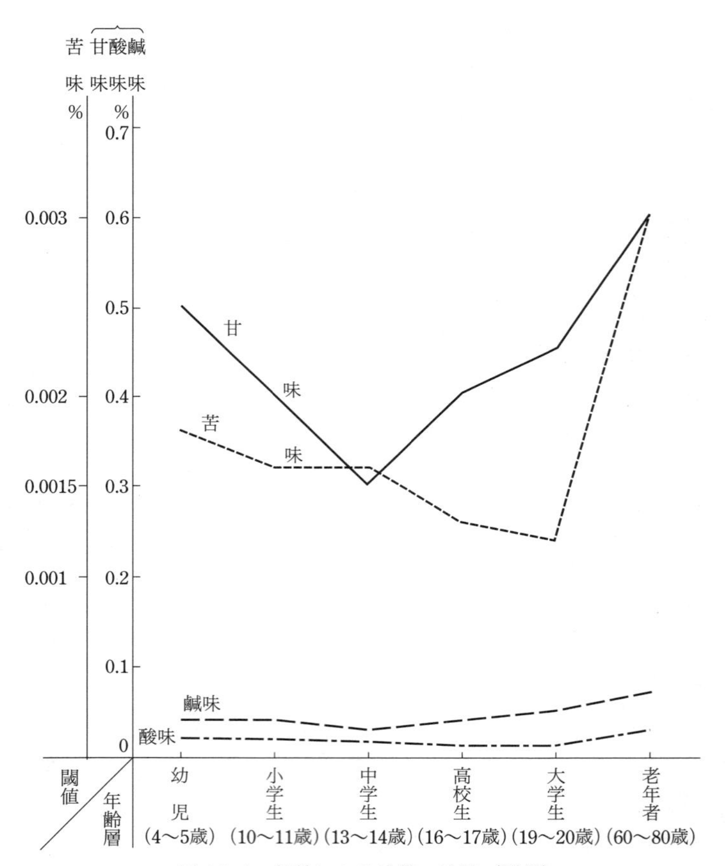

図 16.1 年齢による味覚の比較（閾値）

者になると幼児よりも濃いものを好む.

酸味についても同様な傾向である.

食塩のしおから味については甘味ほどはっきりした年齢による相違はない. 老年者がわずかに高い閾値を示したにすぎなかった.

苦味は以上の 3 呈味物質と異なり, 一般に好まれない味であるか

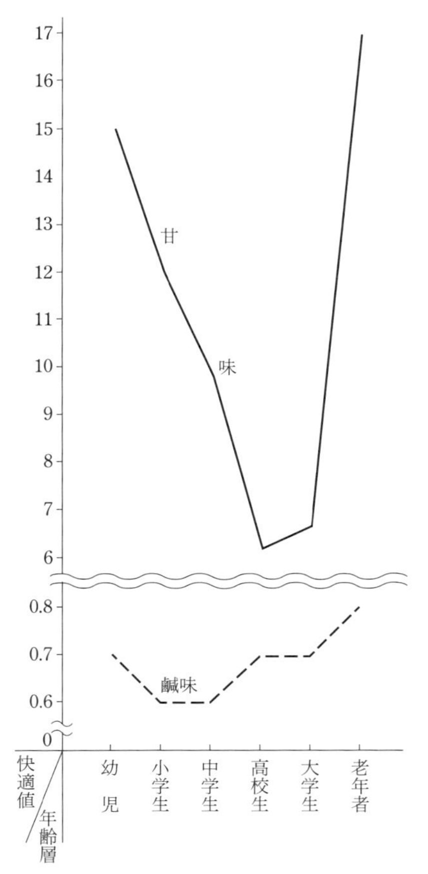

図 16.2　各年齢層における味覚の比較（快適値）

ら，特に単独の苦味で快適値はない．幼児は苦味に鋭敏で，老年者は著しく鈍い．

Cooper らが年齢による甘味，苦味，鹹味，酸味物質に対する鋭敏さの変化を調べた結果は図 16.3 のようである．

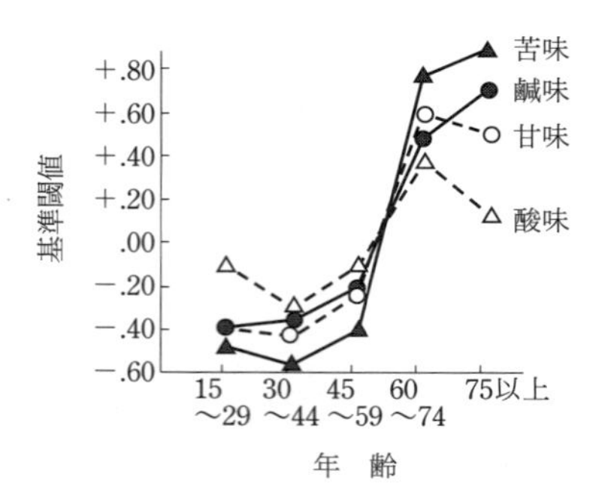

図 16.3 年齢による基本味値に対する感度の変化（Cooper ら）
図中縦軸の数値は基準閾値からの増減の割合を示す（＋は鈍感な方向，－は敏感な方向）

小川教授の調査の結果と多少異なる点もあるが，以上の結果は年齢によって呈味物質に対する感受性がかなり相違していることを示している．これらの事実を口腔内の感覚器の発達と考えあわせてみると，一般の味覚を司る味蕾の数は 45 歳を頂点としてその数は年と共に減ること，下等動物でも神経細胞の若いものと老年の両者で化学物質に対する感受性が異なることなどから充分にうなずける結果と思われる．

成人の舌には総数約 10,000 個の味蕾があるといわれているが，老年者では生理的に働く味蕾の数が減少する．ヒトの舌の乳頭で最も大きい有郭乳頭（86 ページ参照）について調べてみると，1 個の有郭乳頭中に含まれる味蕾の数は年齢で表 16.1 のように変わる．

味蕾は胎生数ヵ月でみとめられるようになり，10ヵ月の胎児ではその味覚神経線維の支配が完成するから，新生児でも，鹹味，甘味，苦味，酸味を弁別できると考えられている．

味蕾は胎生後期から哺乳期にかけて最も多く，頬，口蓋，咽頭，喉頭の粘膜にも広く分布するが，その後は次第に減少，退化し，成

表 16.1 1個の有郭乳頭中の味蕾の数

年齢	数
0〜11ヵ月	241
1〜 3歳	242
4〜20歳	252
30〜45歳	200
50〜70歳	214
74〜85歳	88

人になるとその分布範囲も数も減少する．成人では主として舌尖や舌側縁にある舌乳頭，有郭乳頭部にだけ味蕾がみとめられるようになるので，舌の中央部は味に比較的鈍くなる．一つの有郭乳頭に存在する味蕾の数はヒトでは33〜508で平均250であるが，壮年から老年にかけてわずかに少なくなって平均約208，特に75歳以上では平均88にまで減少する．このように味蕾の存在する場所が年齢とともに減少し，舌尖や舌縁部，有郭乳頭の部に集約されてくるとともに，一つの乳頭の中の味蕾の数も，年齢とともに減少する傾向がある．また，老年になると唾液分泌も減少するから，一般に老年者では味覚能力が減退する．だいたい50歳ぐらいまでは味覚はいずれもそれほど減退しないが，50歳を過ぎると急速に減退の傾向を示す．「認知症」の症状の人は，味覚も著しく鈍くなることが知られている．

文　献

1) 小川文代，“味覚の個人差について”，食品開発，**4**(6), 16〜21 (1969)

17. 音と味覚

食物の風味は普通単なる味覚だけでなく，視覚，嗅覚，温度感覚，触覚などの総合的な働きによって感じられることは前にも述べた．食物の味，色，香り，温度，舌ざわりなどが渾然と融和してわれわれの感情を満たしてくれる時に，その食品は美味ということになる．

しかし，それだけではない．環境が適切であることが望ましい．例えば，快い音楽を聞きながら飲む１杯のコーヒーのうまさなどは，出勤前にテレビにうつる時刻を気にしながら，パンをコーヒーとともに飲みくだす時のコーヒーの味とは比較にならない．

調理場から聞こえてくる切る音，焼く音，揚げる音などで食欲がさらに増進することは，われわれが日常よく経験するところである．また，たくあんづけをパリパリと噛んだり，せんべいをカリカリと食べたりする時のあの音は，いかにもそれを食べているという感じを強めるものである．

欧米ではスープは食べるものであり飲むものではないという意味もあって，スープを飲むときに音を立てることは非常に失礼とされているが，そばを食べる時は静かに食べるよりも，勢いよく音を立ててすすり込む方がうまそうな感じを与える．

このように音と味覚とは深い関連があるが，その関係については食物を食べる時に生じる音と，美味感を抱かせるのに関係する音との二つに分けて考えてみたい．

食物を食べる時に生じる音としては，お茶漬サラサラとか，たくあんパリパリ，せんべいカリカリというようなもので，その例はたくさんある．この場合，たくあんでも新鮮な歯切れの良いものでなければ良い音が出ないし，せんべいも湿気っていればとても快適な音は出せない．かずのこなどもそうであるが，いずれも食品としては，ある程度硬くて，適当に破砕されるものでなければならない．リンゴなどにガブリと噛みついた時の爽やかなシャリシャリとした快感も，その歯切れと舌ざわりが根本になっており，そのためには，成熟度や新鮮度が適当でなければならない．噛みしめて生じる音をわれわれが楽しむのは，それらの食品の物性を同時に，楽しんでいることになる．せんべいの味などは呈味成分からいえば，その表面に塗られたしょうゆ中の塩味とアミノ酸が主体であるが，せんべいをカリカリ噛むと，それらの味が直に感じられるだけでなく，筋肉運動が大になり，せんべいと歯が接触するときに生じる音とともに，せんべいを食べたという満足感を与える．

味覚と音の関連について論じる時に，有名なパブロフの条件反射に関する研究を忘れることはできない．この研究は大脳生理の問題を深く研究したものであるが，その端緒となったものは食欲と消化液，特に唾液の分泌の問題であった．この実験から明らかにされたことは種々あるが，その一つは食物の香味が消化に極めて深い影響があるということである．また，条件反射の実験は，食欲が食物の味や香りだけでなく，それを与える環境によって支配されることを明らかにしている．

パブロフの実験によると，イヌは食物を食べなくても，それを見るだけで唾液や胃液の分泌を生じるのであるが，さらに食物を与える前に鈴を鳴らすとか，音叉の音を聞かせるとか，様々なことを習慣づければ，単にそのような条件を与えただけで唾液の分泌が起こるようになる．また音を聞かせる時に，ある一定の音，例えばハ調の音を聞かせたとき食物を与え，ニ調の音を聞かせたときに食物を与えないようにすれば，イヌはこの二つの調子を聞き分けるようになる．またニ調の音では食欲を起こさないようになる．本来，無関係な刺激がこうした操作によって，条件的に誘発されるので，この種のことを条件反射と呼んでいる．

人間において，パブロフがイヌについて証明されたような形成が，はっきり証明されるかどうかは問題があるにしても，誘導現象を示すことは明らかである．食事を知らせるベルやレストランでボーイの「用意ができました」というあいさつで，あるいは調理場での食器の音などで，条件反射的な胃液の分泌が起こるなどは日常われわれが経験するところである．実験的にも 20 cc ぐらいの胃液の分泌のある人に食事のベルを鳴らすと，たちまち 110 cc もの分泌量が記録されたという例がある．

うまいものを食べた話をしている時，あるいは“梅干し”と聞いただけで，口の中に唾液が出てくるような経験も，この例であろう．

激しい騒音の中や，テンポのあまりに速い音楽を聞きながらでは，ゆっくり食物の風味を満喫することはできない．和やかな雰囲気に包まれたり，静かに流れ出る音楽を背景にすれば，食物をおいしく味わえる．会話や音楽は直接的に条件反射の例のように食欲に反応するものではないが，飲食時の環境は食欲あるいは食物のうまさに間接的に深い関係がある．

ここで注意したいことがある．教育ママのなかには，食事中でも昼間のいたずらや勉強しなかったことを材料に，ガミガミと食事の始まりから終わりまで説教している人がいるが，これではその子どもが気の毒である．どんなに栄養のバランスのとれた食物でも食欲がわかないであろうし，いかにうまく調味料が使ってあっても，おいしいとは感じないであろう．学校給食でも，食事時にはあまり難しい話はしない方がよいと考えられる．

18.　テクスチャーおよび色と香りの味に及ぼす影響

食品の調味において，テクスチャーや香りが味にどのような影響を及ぼすか理解しておく必要がある．コーヒーと汁粉ではその粘度が異なるが，ショ糖による甘味の感じ方は異なるし，食べる時や，店頭で見る刺身の色，香ばしいパンや焼き鳥の香りなどによっても食欲が増し，食べ物をおいしく感じる場合がある．

18.1　テクスチャーと味の感じ方

寒天濃度（0.5〜2.5％）とショ糖の濃度（20〜70％）を変えて，硬さが3段階の甘さが異なるゼリーを調製して，各グループに食べてもらい，どの甘さが好ましいか評価した．その結果が図18.1である．

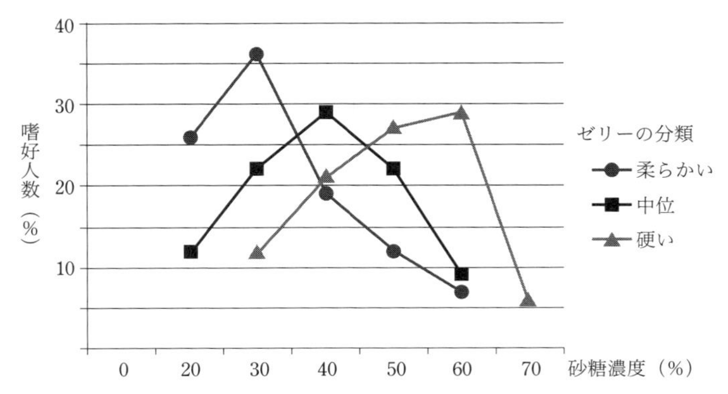

図18.1　硬さの異なる寒天ゼリーの好まれる砂糖濃度の分布
—硬さと嗜好の関係

柔らかいゼリーのグループはショ糖30％のゼリーが好まれた．硬さが中ぐらいでは40％，最も硬いグループでは60％が好まれた．結局，硬いゼリー程，ショ糖濃度が高くないと，甘さの満足が得られないことになる．

うま味についてもゼリーと同様の結果があり，また，食塩濃度も煮物など固形分の多い物の方が高いなどこれに類似する結果となっている．

18.2　色と味の関係

ヒトは，過去に経験した食べ物の色について，なじみのあるものは安心して食べることができる．これが，刺身の色は赤くて鮮度の良さそうなもの，たらこも自然な赤色のものが好まれることにつながる．

したがって，いつもは茶色をしているステーキが，青色をしていると不快感を示すし，アイスクリームにケチャップをトッピングしたものは，不快や恐怖心を抱くことにつながる．

赤，黄，緑の3色に色付けされたショ糖，食塩，クエン酸，カフェイン溶液について，無色のものと比較して，色がこれらの味の閾値にどのような影響を及ぼすか調べた研究がある．その結果は，酸味に対しては緑と黄色が，甘味に対しては赤と黄色が，苦味では赤色がそれぞれ閾値を高めた．しおから味の閾値には色の影響はなく，緑は甘味の閾値を低下させたと報告している．

18.3　味とにおいの相互作用

食品の味に対するにおいの役割は大きい．例えば，風邪をひいたり，花粉症にかかって，においがわからない時の食事は味気ないものである．したがって，味とにおいとの相互作用を理解しておくことは，食品をおいしくするために重要な要件になる．

18.3.1　においに対する味覚のイメージ

次のような現象が確認されている．

① バニラのにおいとアスパルテームとを同時に味わうと，アスパルテーム単独の場合より，甘さが強く感じられる．バニラのにおいで甘味が強化される．

② レモンのにおいで「酸味」が強化される．
これは，「バニラのにおい」＝「バニラアイスクリーム」＝「甘味」の連想が起こるため．
また，「レモンのにおい」＝「レモン」＝「酸味」という食物のイメージが脳内に形成されている．

18.3.2　味覚と嗅覚の相互作用

次のような現象が確認されている．

① 「酸っぱい」イメージを強く喚起するグレープフルーツは，クエン酸溶液の酸味を増強する．
（相関係数 r＝0.82）

③ 「甘い」イメージを強く喚起するストローベリー香はショ糖溶液の甘味を増強する．
（相関係数 r＝0.88）

18.3.3　においによる味の増強作用の応用

においによる味覚の増強作用は加齢や化学療法などで，味覚や嗅覚機能が低下した場合に有効に働く．

例えば，チキンスープに「チキン香料」を添加すると嗜好性が向上する．また，トマトスープに「ベーコン香料」を添加すると嗜好性が向上する．

食べる物の全てのおいしさが低下し，全般的な食欲が低下した人に，その食物の持つにおいを香料として添加したり，その食物と合致したイメージを持つ香料を添加すれば，予期した通りの味を得ることができ，おいしさを感じることができる．老人食，介護食の開発との関係で検討すべき課題である．

文　献

1）今田純雄ら，“味とにおい”，伏木亨編，‘食品の味’，p.123，光琳（2003）

19. 調　味　料

調味料とは，広辞苑第1版に「飲食物の味を調えるに用いる材料．味覚・臭覚を刺激して食欲を進め，消化・吸収を佳良にするために用いる．……」と記載されている．これには，塩味料（しおから味を付与する食塩など），うま味料，酸味料，甘味料及び苦味料が含まれ，食品添加物のグルタミン酸ナトリウム，天然素材の抽出物であるエキス系調味料，発酵によるみそ，しょうゆやソースなどが含まれる．

みそ，しょうゆ，酢，かつおぶしのような，古くからの調味料に

表 19.1　調味料の分類と種類

大分類	中分類	調味料の種類
食品素材	だし素材	かつお節，昆布，椎茸，煮干し　他
	基礎調味料	食塩，砂糖，果実酢，油脂　他
	発酵系調味料	しょうゆ，みそ，食酢，みりん，酒類，塩みりん，魚醤油　他
	天然系調味料	エキス調味料（畜産物，水産物，農産物，酵母原料） 動物・植物タンパク加水分解物（酸，酵素分解物）
	香辛料	スパイス，ハーブ，香辛野菜
食品添加物	指定添加物	うま味調味料（アミノ酸，核酸），酸味・甘味・苦味料　他
	既存添加物	アミノ酸（抽出アミノ酸など）　他
	一般飲食物添加物	乳清ミネラル，カンゾウ末，ホップ抽出物　他
加工調味料	ソース類，スープ，合わせ調味料等	たれ，つゆ，スープ，ドレッシング類，風味調味料， ○○の素，中華合わせ調味料，メニュー専用調味料　他

加えて，肉エキス，魚介エキス，野菜エキスなど，天然物を原料としたものをエキス調味料，また，これらにタンパク加水分解物などを加えて，天然系調味料と呼ばれている．これらの調味料を表 19.1 に示す．

かつおぶしのだしの場合には種々の呈味成分の効用の他に，独特の香りが珍重される．この場合には，種々のうま味調味料だけではそれが再現できない．この種の目的のために“だしの素”類が市販されている．天然の材料（かつおぶし，肉エキスなど）を食塩，砂糖，うま味調味料などと配合した調味料で，うま味調味料が味だけであるのに比べ，だしの香り，風味をも具備している．これは，JAS 法（日本農林規格）や食品表示法（食品表示基準・平成 27 年施行）では“風味調味料”と呼ばれている．

天然のだし原料に相当する，畜産・水産・農産物や酵母などを原料にして抽出（煮だし）して，濃縮した調味料がエキス調味料である．その原料の種類や製造法により，だしやブイヨン，フォン，湯（たん）に相当するものになる．これらの調味料は，加工食品を始め，外食産業，中食用の調味料として広く利用されている．

これらの調味料は，使用目的が食品にうま味とか甘味といった限定された味を付けるのではなく，食品の味の下地づくり的な役割を主体とするものであるが，この場合にもうま味物質はその主要な役割をつとめている．

アミノ酸ではグルタミン酸が普遍的なうま味成分として利用されることは周知のとおりであるが，その他のアミノ酸もそれぞれ特有の味を持っており，特にグリシン，アラニンなどは多くの食品の上品な甘味やうま味に関係している．それぞれのアミノ酸自体が複雑な味の要素を持つものが多いので，種々のアミノ酸の組合せ，すなわちアミノ酸パターンは，それぞれの食品の味に果たす役割が極めて大きい．

ここでは調味に関係する諸成分と調味料とを，主として調味上の実用的な面から考察してみることにする．

19.1 食　　塩

食塩はいわゆる“喰いだめ”のできるものではなく，適量を毎日平均して摂取する必要がある．各人の適量は生活の内容や労働量などによって相違があるが，通常は成人1人1日あたり10g（平成28年度国民健康栄養調査）程度摂取している．近年，先述の減塩調味なども普及したため，厚生労働省の食塩摂取基準（2015年）の，成人男性8.0 g/日未満，女性7.0 g/日未満にかなり近づいてきた．食塩が体内に貯留することは浸透圧の関係などから好ましくないので，摂取されたものは腎臓から尿中へ，あるいは汗として体外に排泄される．高温環境での労働や運動時の高度発汗では相当量のナトリウムが喪失されることがある．多量発汗の対処法としての水分補給では，少量の食塩添加が必要とされる．

アザラシなどの生肉を常食とするエスキモーには食塩をとる習慣がない．生肉の場合には食塩も適量含まれているため，特に食塩を加えなくても済むわけである．

19.1.1 食塩の歴史

すべての調味料の中で最も古くから用いられたものは食塩であろう．食塩は人間にとっても動物にとっても生理上必要な成分である．日本でも石器時代に早くも塩が利用されたといわれている．

日本では塩が専売になっていたが，塩の専売は日本の専売特許ではなく，ローマ帝国では，紀元前6世紀に，すでに塩の販売を政府が独占的に行ったという．日本政府が塩を専売するようになったのは明治38年（1905年）からである．平成9年（1997年）この専売法が廃止され，平成14年から自由な生産，輸入，販売が行われるようになった．

食塩が昔から重要視されたことは今日でも，多くの行事や言葉から推定することができる．例えば“塩をまく”習慣である．葬式から帰ってくると，家に入る前に玄関先で塩をふりかけてもらう．“厄払い”にも塩を用いる．

相撲の仕切りの際に力士が塩をまく．この場合，土俵を清め，勝負を公明正大に行う意義を持っている．この際の塩は，力士がけがをした場合に傷口の化膿を防止する意味も持っている．

われわれがもらう月給，いわゆるサラリーもこの“塩”に由来するものである．塩が貴重品であった頃，月給や賞与に“塩”が用いられたからである．平安朝（794～1185年）の頃にこの制度があり，ローマ帝国でもこの制度があったといわれている．ローマでは食塩を他の品物と一緒に役人に給料として給与したので，いわゆる現物給与が“塩”と総称された．現在，われわれの給料は通貨で支払われるので，もはや給料を食塩でもらうことはなくなったが，給料を“塩”と呼ぶことは未だに残っている．ラテン語 salarium＝sal（塩）＋arium（値段），すなわち，塩の値段からサラリーsalary〔英〕，月給となったのである．

19.1.2 食塩の種類と分類

日本国内で販売されている主要な食塩（食用塩）の原料，製法，国内生産量などをまとめると表19.2のようになる．このうち大量生産に適したイオン膜立釜による塩が国産品の大部分を占め，立釜天日塩は，輸入天日塩を原料に，国内で加工した塩で，さらさらで

表 19.2 食用塩の原料，製法による分類（生産量　千 t/ 年）

製法	装置	原料（生産量）	商品名の例	備考
煮詰め	立釜	海水（1,000）	国：食塩，並塩，白塩，瀬戸のほんじお	国産塩の 99％は立釜煮詰め，立釜天日塩は標準的食用塩
		天日塩（60）	精製塩，食卓塩，クッキングソルト	
		岩塩（1）	輸：モートンソルト，アルペンザルツ	
	平釜	海水（5）	国：能登の浜塩，小笠原の塩，備讃の塩	溶けやすい，柔らかい
		天日塩（60）	国：伯方の塩，シママース，あらしお	くっつきやすい
天日蒸発	塩田	海水（300）	輸：原塩，粉砕塩，ゲランドの塩	やや溶けにくい，硬い
岩塩採掘	採掘	岩塩（1）	輸：サーディロッチャ，アンデスの塩	非常に溶けにくい，硬い
全蒸発	SD	海水（1）	国：雪塩，ぬちまーす	ミネラル分が多い

注）SD：スプレードライ，国：国産品，輸：輸入品

高純度の精製塩である．

19.1.3 食塩による調味

食塩の水溶液を口に入れるとき，最も適当と感じるのは広くとっても 0.8〜1.2％の濃度のもので，すまし汁，みそ汁，スープなど，すべてこの範囲内になるように味付けをしている．

煮物は 1.5〜2.0％の食塩濃度にするのが普通である．これはこのものだけでは上述の食塩濃度 1％前後よりも高いが，これらは食塩をほとんど含まない主食類とあわせて口に入れるのが一般だからである．表 3.1 に種々の食品の食塩の含量をまとめておいた．つくだ煮の類や塩干しの魚などにはかなり食塩濃度の高いものがある．これらは保存の目的と，これらの食品は主食と一緒に食べることが前提になっているから，含塩濃度がかなり高いわけである．塩辛など

は20%以上の食塩が含まれる．食塩をただの水に20%加えて溶かした液は極めてしおからい．塩辛などは同量の食塩を含むのにそれほどしおからく感じないのは，塩辛には多量のアミノ酸などが共存して食塩のしおから味を緩和しているためである．塩辛も，食べるときは普通は米飯で，食塩濃度が稀釈されることになる．

食塩は1%前後が適量であると述べたが，これは一つの目安であって絶対的なものではない．

日本国内でも，一般的に東北地方の食事はしおからく，関西では塩味がうすい．これらは好みの問題でもあり，副食と主食の比率の問題でもある．東京で駅弁を作っている会社でも，東北本線向けと東海道本線向けでは塩味のつけ方を変えている．

食塩の摂取は好みとともに生理上の必要を満たすためでもある．激しい労働をして多量の汗を出す人は普通の水の代わりにうすい食塩水をガブリと飲む．これは結局，汗とともに塩分が失われるから，この食塩の補給の意味がある．

同一の人物でも，よく運動をして汗をかいた時と，運動不足の時でも食物のしおからさの好みが違う場合がよくある．いうまでもなく，運動した後では濃い目の食塩量がよく，運動不足の時にはやや薄味のものが好まれる．

給食などの大量調理の場合には，塩味はやや薄味にすることが必要である．給食は出身地，年齢，好みのそれぞれ異なる多くの人々が利用するので，しおからさの好みも範囲が広い．こういう場合には比較的薄味にして，食卓で各人の好みにあわせて食卓塩をふりかけたり，しょうゆをかけたりできるようにしておくと便利である．逆にしおからすぎる味にしておくと主食の摂取量が多くなり，炭水化物過剰でバランスの失われた食事となりやすい．

19.1.4 食塩の調味以外の効果

食塩は食品にしおから味を与えるために使用されるが，その他，食塩を多量に加えた食品は腐敗しにくいことが知られている．食品に塩を加えて貯蔵する方法（塩蔵法）は紀元前1600年頃からすでにフェニキア人により行われ，これがスペイン，ギリシャ，ローマなどに伝わったといわれる．日本でも塩蔵品がつくられた歴史は，古くは平安時代にすでに朝廷への貢物に塩蔵魚が使われていた記録がある．食塩を加えた食品は腐敗しにくいが，食塩それ自体に防腐性があるわけではない．食塩を加えた食品が長期間貯蔵できるのは，濃厚な食塩水中では細菌類は原形質分離を起こして繁殖できないこと，および，食塩を加えることにより食品の水分が除かれるので，細菌の繁殖に必要な水分が不足することなどによるものである．いわゆる水分活性が低下するためである．

一般に細菌類は15％程度の食塩添加で発育がかなり抑えられる．魚体内で細菌の発育を阻害する食塩濃度の限界は10％前後である．しかし，微生物のなかには好塩性菌といって，かなり濃い食塩中でも発育するものがあり，これらの菌は15～20％の食塩濃度でもよく発育する．

最近は塩蔵品でも，塩気の薄いものが好まれるようになったために，その程度の食塩添加では保存性が少なく，冷蔵のような貯蔵法を併用しないと長期貯蔵できないものが多くなっている．

食塩のタンパク質の変性作用を利用したものが，魚や肉に塩を振ってから焼く調理法である．これは，魚や肉に含まれるアルブミン，グロブリン系のタンパク質が加熱凝固する際に，塩によって凝固が促進されるために表面が固まり，内部のうま味成分の流出を防ぐためである．同時に，魚などの身が締まり，焼く際に崩れにくくなる効果がある．また，かまぼこやソーセージ，パンなどの製造における食塩の添加は，塩溶性タンパク質への作用を活用したものである．

その他，野菜を茹でる時に塩を加えると，クロロフィル分子に含まれるMgイオンが食塩のNaイオンと置き換わり安定型になり，野菜は色よく茹で上がる．また，ポリフェノールオキシダーゼ阻害による褐変の抑制にも利用される．

19.2 しょうゆ

しょうゆは，大豆と小麦を主原料にして麹を作り，食塩を加えて発酵熟成して製造する．微生物としては，麹菌を主体に乳酸菌と酵母が関与する．

しょうゆは，食塩含量が10数%としおから味が強いが，アミノ酸，ペプチドを始め，メイラード反応化合物が含まれ，うま味，コクの付与に有効な調味料である．また，酵母，乳酸菌の作用や熟成工程で生成する各種の香りの成分や色の成分も食品の調味に有効に働く．

しょうゆは，国内で年間（平成29年）約769千キロリットル生産されており，日常の食生活で最も多く使われる液状の調味料である．近年，家庭用より加工用としてたれ，つゆ，ドレッシングなどに用いられる傾向にある．また，しょうゆの海外での生産と消費も旺盛である．

19.2.1 しょうゆの歴史

しょうゆの使用の歴史は古く，その製法は中国から伝えられたといわれるが，香りのある風味の優れた透明な液状のしょうゆに育てあげたのはわれわれの祖先である．今日のしょうゆの工業化の始まりは，室町時代に商業化され，関西から始まり，江戸文化と共に関東風の濃口しょうゆが生まれ，銚子，野田が最大の生産地になった．

しょうゆは，みそと同様に農家の自家製造もあったが，製造の技術の難しさや，日数がかかること，手間のわりには多量の生産ができないことなどから，現在では消費量のほとんどが専業の製造工場で生産されている．

19.2.2 しょうゆの種類と分類

しょうゆには表 19.3 に示すように種々の種類がある．

その他，しょうゆには，食品表示基準（平成 27 年）に定められた食塩含量の基準により，減塩しょうゆ，うす塩，あさ塩，あま

表 19.3 しょうゆの種類と特徴

種類	生産量の割合	おもな産地	特徴
濃口（こいくち）しょうゆ（普通しょうゆ）	84%	千葉県野田・銚子 香川県小豆島	色の濃い香気のあるしょうゆで一般に使用される，全国各地で生産されている
淡口（うすくち）しょうゆ	13%	兵庫県竜野	色が淡く，味も淡白である．塩分が多いため米麹を補い甘味をつける．関西地方での利用が多い
溜（たまり）しょうゆ	2%	愛知・三重・岐阜県下	大豆を主原料として麹をつくる．香気は少ないが，濃厚な味で粘度もあり色も濃い
その他のしょうゆ	甘露しょうゆ……山口，広島，島根県下で生産され，色，味が濃厚で香りもよい 白しょうゆ……名古屋地方の特産．麹の香りの強い甘味のあるしょうゆで，色は淡口しょうゆよりうすい 魚しょうゆ……魚やイカ，貝類を原料としたもので，秋田県地方の“しょっつる”や四国地方の“いかなごしょうゆ”などがある		

表 19.4　しょうゆの一般分析値の例（g/100mL）

種　類	ボーメ	全窒素	食塩	無塩可溶性固形分	糖分	アルコール
濃口しょうゆ	22.01	1.56	17.51	19.18	3.20	2.35
淡口しょうゆ	22.19	1.19	19.08	16.08	4.16	2.41
溜しょうゆ	24.91	2.13	17.93	24.23	4.04	1.36
再仕込しょうゆ	24.96	1.98	15.06	29.18	5.46	2.71
白しょうゆ	25.33	0.54	18.01	21.09	17.19	0.79
減塩しょうゆ	16.00	1.56	8.38	21.42	2.90	3.43

塩，低塩の用語を使用したものもある．

しょうゆの一般成分の分析例を表 19.4 に示す．

また，しょうゆは，JAS 法により，もろみを発酵熟成させてつくる「本醸造」，もろみにアミノ酸液や酵素分解液などを加えて発酵・熟成する「混合醸造」，これらを混合した「混合」の 3 種類に定義されている．

魚を原料として，食塩を添加して自己消化，熟成してつくる魚醤油（魚醤）については，エキス調味料の項で述べる．

19.2.3　しょうゆの用途

しょうゆは各種の料理，たれ，つゆなどの加工調味料や，一般の加工食品に使用される．料理を例にとると，

①つける・かける

②漬け込む

③つけて焼く

④煮る・炊く

⑤炒める

⑥汁物

などに使用される．これは，しょうゆに含まれる，食塩，アミノ酸，有機酸，ペプチド，メイラード反応生成物，各種の香気成分，色の成分などの調理効果を期待するものである．

一方の用途が，麺つゆ，焼き肉のたれ，ドレッシング，ポン酢，合わせ調味料，鍋物の素など，いわゆる 2 次加工調味料の原料としての用途である．

同時に，加工食品としての漬物，煮物，焼き物，スープ，湯（たん）などにも広く利用される．

和，洋，中華に加えてエスニックなど各種の家庭料理，レストラン，加工食品に広く利用されている．

19.3　み　　そ

みそは，蒸煮した大豆に米麹または大麦麹と食塩を混ぜ，発酵・熟成させた発酵食品の代表的なもので，タンパク質を多く含んだ栄養のある調味食品である．地域の大豆，麦，米などの農産物事情や気候，風土，食習慣の影響を受けながら，みそ汁という独特の食習慣とともに，日本の隅々まで普及している．

19.3.1　みその歴史

みそのルーツは古代中国というのが定説になっている．穀類や大豆の麹を使ったみその技術は，大陸との交流を通して仏教の伝来に続いて大和朝廷に伝播された．そして，鎌倉時代にみそ汁の用途が考案され，戦国時代には，各地の武将が保存性と栄養価の高いみそを兵糧として保護育成した．徳川家康の出身地の三河の八丁みそが有名である．江戸幕府の開府に伴い，近藩のみそを始め，全国から郷土色豊かなみそが搬入された．

古くから農家で手づくりにされ，米や麦などとともに重要な栄養の補給食料として，また備蓄食料として使われてきた．製造法は，地域で生産される米・麦・大豆を原料として，風土や地域の嗜好に合わせた製造法が工夫され，その地域に合った独特のみそがつくられてきた．

昭和の高度成長期以降は，食事の洋風化，女性の社会進出などにより，食形態の変化がみられ，みその消費量は減少傾向にあり，近年の生産量は，416千t（平成29年）である．

19.3.2 みその種類

みそは利用目的によって，調味料を目的とした普通みそと，副食を目的とした加工みそ（なめみそ）に大別される．また，米，麦，大豆など麹原料の種類・製品の色調・塩味などによって表19.5のような種類がある．

みその種類が多いのは，原料の配合割合や風味をそれぞれの地域の風土に合わせてみそづくりが行なわれたので，一般には地域の名称をつけた銘柄名で呼ばれている．

19.3.3 みその効果

みそは表19.5に示すように約10%の食塩を含むので，日本人の重要な食塩の給源となっている．しかし，みそはまた，種々のアミノ酸などを多量に含み，なかでもグルタミン酸の含量が高いので，みそはうま味調味料としても利用される．また，みそは特有の香気があり，コロイドによる吸着性も強いので，肉類や魚類のにおいを消すためにも用いられる．したがって，みそはみそ汁を始め，みそ

表 19.5　みその種類

	分類	味による分類	色による分類	食塩(%)	主な銘柄産地
普通みそ	米みそ	甘	白	5〜7	白みそ，西京みそ
			赤	5〜7	江戸みそ
		甘口	淡色	7〜11	相白みそ（静岡）
			赤	10〜12	中みそ（瀬戸内）
		辛	淡色	11〜13	仙台，佐渡，越後みそ
			赤	12〜13	津軽，北海道，秋田，加賀みそ
	麦みそ		淡色系	9〜11	九州，四国，中国
			赤系	11〜12	九州，埼玉，栃木
	豆みそ	辛	赤	10〜11	八丁みそ，名古屋みそ，三州みそ，二分半みそ
	調合みそ	甘口，辛口	淡色，赤		
加工みそ	醸造なめ味噌				金山寺（径山寺）みそ，醤みそ

煮，みそ漬け，和え物，焼き物などに使用される．これは，みそが香味のみならず，緩衝能，粘着力，吸着性，矯臭などの調理効果を併せ持つからである．

また，みそに含まれる成分は，血圧上昇抑制作用，抗酸化作用，コレステロール低下作用，骨粗しょう症予防作用などに有効であることが報告されている．

19.4　酒類および発酵調味料

みりん，清酒，ワイン，ブランデー，焼酎などの酒類も食品の調味に広く利用されている．これらの酒類はアルコールを含み，みりん以外は飲用が主体であるが，和，洋，中華風の料理や加工食品の風味向上のために使用される．

これらとは別に，昭和 40 年代頃に調味専用のアルコールを含む発酵系の調味料が開発された．これは，発酵調味料，醸造調味料や塩みりんとも言われるものである．一方，アルコールを一切含まない，みりん風調味料も販売されている．

19.4.1　みりん

みりんは，うるち米の米麹と蒸したもち米に約 40% の醸造用アルコールを加えてもろみをつくり，1ヵ月余り糖化・熟成させて作られる．アルコール分は約 14% で，塩分は含まれない．酒税法では混成酒に分類され，本みりんとも呼ばれる．また，長期間熟成させたコクの強い黒みりんもある．

みりんは古く慶長年間に作り出されたといわれている．元来，飲用としても珍重されたようで，みりんの上品な甘味と特有の風味が料理に利用されるようになったのは明治時代以後である．

みりんは表 19.6 に示すように約 50% のグルコースを主体とした糖類，0.3〜0.5% のアミノ酸を含んだ含窒素物，13〜14% のエチルアルコールを含有する．その糖組成は表 19.7 のようで，グルコースが主体となり，その他かなり多くの種類の糖が含まれている．これらの糖類の存在の結果，みりんは温和で上品な甘味を持ち，種々の食品に用いて，上品な甘味調味料としての効果を示す．その他，照り，艶出し，色沢の付与，粘稠性の付与，矯臭・付香，味の浸透，煮崩れ防止などの調理効果がある．また，調理の際，加熱により後述のアミノ酸と糖類とがいわゆるアミノカルボニル反応を起こし，加熱香気を生成する．

また，照り焼きでは，みりんの糖はアミノ酸を含むしょうゆと混

表 19.6 市販みりんの一般成分表

	A	B	C	D	E	F
ボーメ度	19.9	20.2	20.3	20.1	20.4	19.0
酸 度	0.40	0.6	0.45	0.60	0.27	0.47
ホルモール窒素	29.6	30.8	20.2	34.0	12.9	31.6
全窒素 (mg/100mL)	72.0	68.4	45.5	75.9	30.4	73.3
直 糖 (%)	43.20	42.08	43.25	41.7	43.1	39.34
全 糖 (%)	46.88	45.83	45.88	45.05	46.38	43.53
色 度	0.062	0.265	0.13	0.257	0.073	0.314
pH	5.38	5.68	5.54	5.20	5.64	5.16
比粘度	10.01	10.28	10.18	9.66	10.02	8.34
アルコール (%)	14.4	14.1	14.0	13.8	14.0	13.9

ホルモール窒素：mg/100mL で表示.
総酸度：試料 10 mL あたりの N/10NaOH mL 数.
色度：430 mμ, 10 mm セルの O.D.

表 19.7 みりんの糖組成 (%)

	1	2
グルコース	33.71	36.50
ニゲロース マルトース コージビオース	2.35	3.22
イソマルトース	5.84	5.57
パノース	3.03	—
イソマルトトリオース	1.52	—
高級オリゴ糖	2.13	2.04
合 計	48.58	47.33

ぜて強く加熱すると，アミノカルボニル反応が起こり，食欲をそそる加熱香気ときれいなきつね色の焼き色と艶を発生する.

みりんのアミノ酸は米麹のプロテアーゼにより，もち米タンパクが分解されて生成したものである. みりんのアミノ酸組成の測定結果の例を表 19.8 に示した.

表 19.8 にみられるように，全アミノ酸は遊離アミノ酸の約 3 倍であって，ペプチドが多い．これはみりんの味の濃厚さ，なめらかさに役立っているようである．遊離アミノ酸としてはグルタミン酸，ロイシン，アルギニンが多いが，その他のアミノ酸は閾値以下である．みりん中のアミノ酸の調理効果としては，アミノ酸とカルボニル化合物との加熱による香気成分の生成が重要で，みりんのようにほとんどの種類のアミノ酸を含んでいれば，生成する香気成分も複雑なものとなる．表 19.8 にみられるように，みりんのアミノ酸組成は銘柄によってかなり異なるので，みりんの香気もそれぞれ銘柄によって特色があるようだ．みりんの加熱香気はみりん特有の

表 19.8　みりんのアミノ酸組成（mg/100g）

	全アミノ酸	遊離アミノ酸		
	1	1	2	3
トリプトファン	++	+	3.1	—
リジン	29	9.2	13.7	4.0
ヒスチジン	30	4.3	6.0	0.6
アルギニン	49	16.1	16.2	3.3
アスパラギン酸	64	20.1	26.6	22.9
スレオニン	22	10.2	11.2	8.7
セリン	28	15.1	18.5	16.4
グルタミン酸	124	35.8	56.7	54.9
プロリン	40	11.0	24.9	12.0
グリシン	31	11.1	12.6	11.6
アラニン	47	19.0	21.2	17.1
シスチン	+	+	—	1.3
バリン	36	14.7	19.8	13.1
メチオニン	11	5.5	5.4	5.0
イソロイシン	25	9.8	13.0	8.6
ロイシン	68	21.8	26.0	18.5
チロシン	17	13.1	7.7	13.8
フェニルアラニン	32	11.0	12.7	9.2
合計	654	227.8	294.3	221.0

香りを食品に与えるだけでなく，悪いにおいをマスキングする効果がある．

みりんにはアルコールが13.5〜14.4％程度含まれていて，これにはみりんの調理上の効果の一つの大きな要素となっている．アルコールの効果としては食品素材への浸透性の影響，悪いにおいを揮散させる効果，食品素材のタンパク質への影響などが考えられる．みりんは古くから“煮切り”といって，みりん単独で，あるいは他の調味料とともにゆっくり加熱して，揮発性成分を除去してから使用する場合がある．この煮切りでは，各種成分間でアミノカルボニル反応などの様々な反応が起きて，2次的に多くの物質が生成し，これが色沢や香気に好結果を及ぼすわけであるが，この際，みりん中のエチルアルコールは加熱により大部分は蒸発するが，みりん中の他の成分と2次的に反応して，そのにおいに複雑さと好ましさを与えている．

みりんはまた，種々のエステル類，カルボニル類などの揮発性成分を微量ながら多種類含有し，これらはみりんらしい香気を与え，食品の嫌なにおいのマスキングに役立っている．みりんは魚介類の調理によく使用されるが，この際，みりんは加熱により種々のα-ジカルボニル化合物を生成し，これらが魚介類のアミン類と反応して，アミンの嫌なにおいを消す効果がある．例えば，スケソウダラを原料とする冷凍すり身でケーシングかまぼこ（ケーシングに入って市販されているかまぼこ）をつくる場合，3％のみりんを添加すると，いわゆるスケソウ臭がマスキングされる．これはガスクロマトグラフィーを用いた香気成分の研究によっても裏付けされている．

19.4.2 清　酒

清酒は日本酒ともいわれ，米を主原料とする醸造酒である．室町時代にはすでに“酒塩”（さかしお）と呼ばれて清酒が料理に使われていた．清酒は15%前後のアルコール，約4%程度の糖，アミノ酸類，乳酸，コハク酸の呈味成分に加えて，酵母の発酵で生成したアルコール類，エステル類，カルボニル化合物などの香気成分が含まれる．

清酒の調理効果としては，①好ましい香りの付与，②矯臭作用，③うま味，コクの付与，味の調和をよくする，④味の浸透を良くする，⑤肉などを柔らかくする，⑥艶だし　などの効果がある．デリケートな味を要求される日本料理では古くから使われている．

その他，清酒関連の調味料として，マスキング力をうたった「料理用の焼酎」や，麹を加工した「こうじ調味料」が開発され利用されている．

19.4.3 ワイン，ブランデー

ワインはぶどうの果汁を酵母で発酵させたものであるが，調理に使用される調理用ワイン（クッキングワイン）がある．スペイン原産の白ぶどう酒のシェリーは，香気が豊かで調理用に好適である．原料のぶどうの風味，発酵による香り，熟成による香気や有機酸などが含まれ，料理への香り付けや魚臭や肉の獣臭などの矯臭に有効である．

料理用の白ワインとしては，酸味が強くさっぱりした辛口のものが良く，仕上がりが白い料理や爽やかな風味が求められるシチューなどのクリーム煮，ワイン蒸しなどに適する．一方，赤ワインでは，渋味（タンニン）が強く，白ワインに比べて味が濃いものが良く，色付きが濃く，コクを出したい料理のビーフシチューや肉の赤

ワイン煮込みなどに適する.

ワインなどの果実酒を蒸留して，永年熟成させたブランデーも，洋風料理の調理の仕上げに利用される．これは，ブランデー風味の付与と，「フランベ」といってブランデーを振りかけてお客さんの前で火を点けアルコール分を飛ばす調理もある.

このように，ワインやブランデーは，肉の漬け込みなど下ごしらえに使うのが before，肉や魚の煮込みや，ソース，ドレッシングに混ぜるのが duaring，ステーキやスープの最後の仕上げにワインを振り込むのが ending，お客の前で振りかけ火を点けて燃やす（アルコールを飛ばすと共に，ショー的な意味がある）のが flaming である.

19.4.4　発酵調味料

発酵調味料は，酒税がかからないように食塩を一定量加えて不可飲処置をしたもので，調味料専用として使用される．これに使用する原料は，調味に適した各種の米，ぶどうに限らず小麦なども利用される．製造法は，米，ぶどうなどの主原料と食塩を加えて酵母によるアルコール発酵と熟成によって製造される．原料と製造法，風味によりみりんタイプ，ワインタイプ，清酒タイプ，焼酎タイプなどに分類される．これらは，醸造調味料，料理酒，米発酵調味料，塩みりん，塩ワインなどと呼ばれている.

この発酵調味料には，食塩が約 2％程度含まれるのが特徴で，アルコール 5～15％程度，糖類 2～45％程度で，アミノ酸，有機酸などの他，香気成分としての各種アルコール類，エステル類，カルボニル化合物が含まれている．すなわち，食塩の他は，一般のみりん，ワイン，清酒などに類似する成分を含む.

用途としては，料理や加工食品への風味付与，照り，艶，焼き色の改善，食品素材の異臭のマスキングなどに有効である．これらの調味料の用途は，水産練り製品が最大の用途であり，原料魚肉の水さらし工程で消失した風味成分の向上，魚臭のマスキング（ワインタイプが好適），焼き色の改善（みりんタイプが好適）などの目的で広く利用されている．当然，加塩された食塩含量を考慮して使用しなければならない．

その他，畜肉加工品，漬物，つゆ，たれ，スープ，餃子，コロッケ，シュウマイ，ハンバーグなどの総菜や米菓，洋菓子，パンなどにも利用される．

19.4.5　みりん風調味料

みりん風調味料は，水飴などの糖類を主成分として，調味料，酸味料を含み，アルコール分1%未満の甘味調味料である．みりんのように，アルコールを煮切る必要がなく安価な調味料である．

用途は，甘味付与と照り，艶だしに有効で，つゆ，たれの甘味付与，粘度付与，煮物，焼き物など主として家庭用として使用されている．

19.5　食酢および酸味料

一部でサワー食品時代の到来などと称している人がおり，酸味のある食品への嗜好が一般に強くなってきているようである．また食品に酸味を加えることにより，その味全体が引き締まることは日常よく経験するところである．酸味だけで調味される食品はなく，酸味も塩味，甘味，うま味などと調和することによって多くの食品の味が生きてくる．酸類は食品に酸味を与える他，食品の pH を下げ，腐敗を遅らせるなどの効用がある．種々の食品の pH を表 19.9

表 19.9 各種料理および缶詰類の pH 値

食物の種類	pH	煮炊最高温度(℃)	煮炊時間
食酢	2.5〜2.8	—	—
グルタミン酸	3.2	—	—
ソース類	3.3〜3.5	—	—
酢のもの	3.5〜3.6	常温	—
ケチャップ	3.9〜4.4	—	—
清酒	4.0〜4.2	—	—
福神漬	約 4.65	—	—
サバの煮付け(酢入り)	4.5〜4.6	101	約 15 分
しょうゆ	4.6〜4.8	—	—
おでんの煮汁	5.5	101	—
すきやきの煮汁	5.55	102	—
マグロの煮付け汁	5.7〜6.1	102.5	約 15 分
吸い物各種	5.8〜5.9	100.5	約 10 分
鶏の水たき汁	6.0	100.5	—
グルタミン酸ナトリウム	7.0	—	—
各種缶詰類			
福神漬	4.65		
コーンビーフ	5.3〜5.7		
カツオ	5.5		
グリンピース	5.8		
クジラ(大和煮)	5.8		
マグロ	5.8〜6.6		
サバ	6.0〜6.2		
サケ	6.4〜6.6		
エビ	6.9		
カニ	7.2		

に示した.

19.5.1 食　酢

酢の歴史は古い. 酒は猿も作るといわれるが, 人間が果実や米から酒を作って, これが酢酸発酵を起こすと酢ができる.

イスラエル人をエジプトから引率した指導者モーゼ（Moses〔英〕，Mosheh）の言葉の中にすでに“酢”が出ている．モーゼは，紀元前1450年頃の人であるから，結局，3500年前に酢が人々によって使われていたのである．

日本では，応神天皇の御世に酒造の技術と前後して中国から酢を作る技術が伝来した．

江戸時代には，すでに現代の醸造酢の製造法とほとんど変わらない方法で米酢が作られた．

酢は，その原料によって多くの種類がある．米酢を筆頭に，粕酢（かすず），リンゴ酢，ブドウ酢，麦芽酢（モルト・ビネガー，malt vinegar）などである．

酢を英語では，ヴィネガー（vinegar），フランス語でヴィネーグル（vinaigre）というが，これはワインを意味するvin（ヴァン）と“酸っぱい”という意味のnaigre（ネーグル）を合わせたvinaigreに由来する．つまり，「ワインの酸っぱくなったもの」という意味である．

これらの酢は，原料によって多少風味は異なるが，いずれも酸味の元は酢酸である．

西洋料理では，レモン汁がよく使用されるが，レモン汁は，その酸味と共にフレーバー（風味，香味）が珍重されるからである．レモンなどの果汁の酸味は，主として，クエン酸である．

合成酢と呼ばれるものは，氷酢酸を水で薄めたものに種々の添加物を加えたものである．合成酢に醸造酢を混ぜて見分けにくくしたものもある．

国内外の主な食酢の種類を，表19.10にまとめた．日本では，JAS法及び食品表示基準により定義されている．

食酢の味に関与する成分は，酢酸などの酸味が中心になるが，コ

表 19.10　主な食酢の種類

内外	名　称	内　容
西欧	ワインビネガー	ブドウ酒を原料にして酢酸発酵させたもの
	バルサミコビネガー	ブドウの濃縮果汁でアルコール発酵，酢酸発酵し長期熟成したもの
	フルーツビネガー	ブドウ以外のフルーツワイン原料の酢
	モルトビネガー	麦芽汁をアルコール発酵し，酢酸発酵したもの
	シュガービネガー	砂糖，廃糖蜜原料のアルコールを酢酸発酵したもの
日本	醸造酢	穀類，果実，その他の農産物などを原料としたモロミを酢酸発酵させた液体調味料で氷酢酸または酢酸を使用していないもの
	穀物酢	醸造酢のうち穀類を使用したもの
	果実酢	醸造酢のうち果実を使用したもの
	米酢	穀物酢のうち一定量以上の米を使用したもの
	米黒酢	穀物酢のうち米を使用し，発酵・熟成で褐色又は黒褐色のもの
	リンゴ酢	果実酢のうち，一定量以上のリンゴの搾汁を使用したもの
	ブドウ酢	果実酢のうち，一定量以上のブドウの搾汁を使用したもの

ハク酸，リンゴ酸，グルコン酸である．糖類として最も多いものはグルコースであり，マルトース，リボース，マンノースなどが含まれている．食酢の中でアミノ酸は，酢の味とうま味に深く関与しており，特にうま味と関係の深いグルタミン酸は，酢の中に30 mg/100mLあると味が良くなるとされており，米酢の中には140 mg/100mL以上含むものもある．

食酢の香気成分は，味以上に酢の特徴を表現しており，酢の品質に非常に関係が深い．香気成分にはアルコール，酸，エステル，カルボニル化合物，ラクトン，アセタール，フラン化合物などがある．また，酢の原料由来の成分，製造法によっても異なるとされている．

食酢の使用効果は，一つは食酢の持つ酸味と独特の味と芳醇な香りを調味料として利用することと，食酢の pH 2.0～3.5 という強い酸としての性質を利用することである．

① 食酢の調味作用は，酸味を付与して味のバランスを整えて，減塩調味ができることである．また，食酢原料由来の独特の風味付与と，アミン，アンモニアなどの生臭みを抑える作用を有する．

② 食材のタンパク質を変性させて，食肉を柔らかくする肉のマリネ，魚肉をしめる魚の酢じめ，卵白の泡立てに使用される．ペクチンなどのジェリー化の促進に使用される．

③ マヨネーズ，ドレッシング，ウスターソースなどの原料に用いられる．

食酢のもう一つの有益な作用は，防腐作用であり，食酢の強い酸性が，自然界微生物の生育最適 pH 5～9 に作用し，食中毒菌の殺菌や増殖抑制に有効に働く．

食酢の食品の色に及ぼす影響も調理や食品加工上重要である．アントシアンはアルカリ性で青色，酸性で赤色を呈す．梅漬けのしその葉のシソニンは，食酢で赤くなる．また，ごぼう，れんこんなどのポリフェノールオキシダーゼによる褐変は，食酢によって抑えられて白く仕上げられる．

19.5.2 酸 味 料

グルコン酸，乳酸，クエン酸，リンゴ酸，酒石酸，フマル酸，酢酸，アジピン酸，リン酸などの酸味料は，食品添加物として指定され，加工食品への酸味付与，pH 調整，日持ち向上などの目的で広く利用されている．これらの酸味料の閾値，呈味などの特性については，表 4.1，4.2 に示した．

これらの酸味料の用途は大別して下記のように３つに分けられる．

① 食品に酸味を付与するもので酸味を増強する．食品の酸味のバランスを調製して味を向上させる．
オレンジジュースなどの清涼飲料水への酸味付与，酢の物，酢漬けなど．

② pH 調整剤として，食品の pH を適正な領域に保つ．炭酸塩と反応して炭酸ガスを発生させる．
食品の pH を低下させて，品質の安定化と保存性を向上する．

③ 食品の日持ち向上，pH を低下させ，酸味料自体の作用により微生物の生育を抑制する．

その他の酸味料の使用効果としては，金属封鎖（キレート）作用により酸化防止，退色，混濁防止などの作用を有する．その他，煮崩れ防止，ゲルの安定化，色の安定化，褐変防止，減塩効果などがある．

19.6　甘味調味料（甘味料）

甘味調味料の代表的なものは砂糖である．今日では砂糖は豊富にあって，近頃の子供達は，砂糖の摂りすぎだといわれるくらいであるが，昔はとても貴重な扱いをうけた．

日本に砂糖が入ったのは，奈良朝（710～784 年）のころで，中国の高僧・鑑真（がんじん）が日本に渡来の時（天平勝宝 5 年 753 年），唐から献上品として黒砂糖が朝廷に贈られたといわれる．

平安時代の第一のご馳走というと，氷に甘葛（あまづら）の汁をかけたものなどが挙げられている．その後，徳川時代になっても，砂糖の消費はあまり伸びず，依然として貴重品扱いされた．

砂糖の原料は，甘蔗（カンショ）（サトウキビ）と甜菜（テンサイ）（サトウダイコン）である．

サトウキビは，インドで紀元前2000年頃に発見されたといわれるが，5〜6世紀ごろには，中国，タイ，ジャワなどに伝わり，ヨーロッパへも中央アジアを経由して伝わり，8世紀には，すでに地中海沿岸地方にまで及んだという．

わが国でサトウキビが栽培されたのは，慶長14年（1609年）で，奄美大島が最初である．

テンサイは，サトウキビに比べると歴史は新しく，ヨーロッパでテンサイが普及したのは，1806年にナポレオンが大陸封鎖を行った後である．テンサイはサトウダイコンともいわれるが，植物学上はダイコンの仲間ではなく，ホウレンソウの仲間で，アカザ科に属する．テンサイは温帯中部から北部にかけての比較的冷涼な地帯に多く栽培される．

日本では，明治9年（1876年），北海道開拓長官・黒田清隆が北海道に導入したといわれる．

砂糖以外に，カナダなどでは，カエデの樹液からメープル・シュガー（maple sugar，カエデ糖）を作る．メープル・シラップ（maple syrup）は，風味は良いが，主成分は砂糖と同様，ショ糖である．

天然の甘味料として，蜂蜜は古くから使用されたが，今も昔も貴重品とされている．

この他，でんぷんをでんぷん分解酵素で分解糖化して作るブドウ糖（グルコース，glucose〔英〕），水あめなどが天然甘味料として業務用食品に用いられるが，飲料店の調理場では，ほとんど使用されていない．また，グルコースイソメラーゼでブドウ糖を果糖に変換した，ブドウ糖と果糖の混合液が液糖として飲料などに利用されている．

これらの糖類を還元して作る還元水飴，ソルビトール，キシリトール，エリスリトールなど糖アルコールの用途も拡大している

従来は，人工甘味料として，サッカリン，サイクラミン酸ナトリウム（シクロヘキシルスルファミン酸ナトリウム），ズルチンなどが知られているが，今では使用しうるのはサッカリンだけである．

近年では，食品添加物に分類される天然物の配糖体系のステビア抽出物，甘茶抽出物や，アミノ酸およびペプチド系のアスパルテーム，ネオテーム，タンパク質系のソーマチン，合成系のアセスルファムK，スクラロースなどが高甘味度甘味料として使用されている．

糖尿病患者のように，糖分の摂取を制限される場合や，低カロリー食品が要求される場合や安価な加工食品などコスト的に制限を受ける場合には，これらの高甘味度甘味料が用いられるが，一般調理に用いられることは稀である．

その他，ビフィズス菌の増殖を促すなどの機能性や物性改良効果を有するフラクトオリゴ糖，ラクチュロース，トレハロースなども開発されて利用が拡大している．

19.6.1　砂　　糖

現在，市販されている砂糖は極めて種類が多い．砂糖の原料はカンショとテンサイであるが，砂糖の種類はこの原料別ではなく，その精製の程度によって表 19.11 のように大別される．

表 19.11 を理解しやすいように砂糖の精製法を簡単に紹介しておく．

表 19.11 砂糖の種類

分類		種類
粗糖（原料糖）	黒糖	（こくとう・くろざとう）
	白下糖	（しろしたとう）
	和三盆	（わさんぼん）
分蜜糖（精製糖）	グラニュー糖	
	双目（ざらめ）糖	（白双，中双）
	車糖	（上白，中白，三温）
	加工糖	（角砂糖，氷砂糖，粉糖）

1） カンショ糖の製造

カンショ糖はふつう生産地で原料糖（粗糖ともいう）の形にされる．これは糖度が96～98程度の黄褐色をした砂糖で，これが消費地に運ばれて精製される．まず，製糖工場に運び込まれた原料カンショは機械で細かく切り刻まれ，次にこれをローラー式の圧搾機にかけて汁を搾り出す．搾り出された汁には，かなりの不純物が含まれているので，石灰を加えて加熱すると，大部分の不純物が吸着されて沈澱してしまい，これを濾し取ると清浄な汁が得られる．この清浄液を効用蒸発缶の中で濃く煮つめ，これをさらに中を真空状態にした結晶缶の中で煮つめていくと，糖液はやがて過飽和状態になり，これに粉状の砂糖を少量加えると，これが核になって砂糖の結晶ができる．含まれている糖分のうち，大部分が結晶となったところで遠心分離機にかけ，不純物を含んだ残液（糖蜜）をふり分けると，砂糖の結晶だけが取り出される．これは分蜜糖と呼ばれる．清浄の過程で石灰を加えるだけでなく，炭酸ガスや亜硫酸ガスを吹き込むなど，念入りな処理を行うと，糖度の高い白い砂糖が得られる．これは耕地白糖と呼ばれている．

原産地の原始的な工場で，カンショから搾ったまま煮つめて作る砂糖もある．日本の黒砂糖などがこれにあたる．この原料糖はかなりの不純物を含んでいるので，消費地でもう一度精製される．最初，原料糖に糖蜜を混ぜ，ドロドロにして加熱し，結晶の表面に付着している不純物を溶かして，遠心分離機でふり分ける．次に原料糖をもう一度，熱湯に溶かし，石灰を加えて炭酸ガスを吹き込み，沈殿を生じさせて不純物を除く．さらに活性炭や骨炭，あるいはイオン交換樹脂などを使って精製する．この無色透明となった糖液を原料糖の場合と同じ手順で煮つめて結晶を生じさせ，遠心分離機にかけると，純度の高い真白な砂糖が得られる．分離した糖蜜にはまだかなりの糖分が含まれているので，煮つめて結晶を分離する過程を繰り返す．できる製品は回数が進むにつれて不純物が多くなり，やや着色した中白や三温などになる．

2） テンサイ糖の製造

テンサイの場合，製糖工場に運び込まれたテンサイを洗浄後，細断し，その後，カンショ糖の場合と異なり，温湯に浸して糖分を溶けださせる．こうして得られた糖液を洗浄してから砂糖の結晶を取り出す過程はカンショ糖の場合とだいたい同様であるが，テンサイ糖はふつう原料糖をつくらず，直接純度の高い砂糖をつくる．

3） 砂糖の種類

一般に消費されているのは分蜜糖で，これは双目糖（ざらめとう）と車糖（くるまとう）に大別される．双目糖は結晶が比較的大きく（0.2～0.8 mm），ザラザラして硬い感じのものである．このうち，最も上質のものは白双（しろざら）で，これは純白で糖度はほとんど100度である．中双（ちゅうざら）は結晶の大きさは白双とほぼ同じで，うすい黄褐色を呈し，糖度は99.8度前後である．グラニュー糖はこれらの砂糖に比べると結晶はやや小さいが，双目糖のうちに含まれる．

車糖は結晶が微細でしっとりした感じの砂糖で，純度によって上白（じょうはく），中白（ちゅうじろ，ちゅうはく），三温（さんおん，さんわん）の3種がある．上白はいわゆる普通の白砂糖で，よく精製されているので純白であるが，多少しっとりとした感じがする．この感じはビスコと称する転化糖* をふりかけたために生ずるもので，東洋独特のものである．中白は精製度が上白よりやや低く，薄く着色している．やはりビスコが添加してあり，糖度は95度程度である．三温はさらに精製の度が低く，糖度は94〜95度，褐色で，ビスコはふつう添加していない．

これらの砂糖をさらに加工したものが数種ある．角砂糖はグラニュー糖を原料とし，砂糖液をふりかけて押し固めたもの，氷砂糖は純度高い砂糖を一度水に溶かしてから，ゆっくり時間をかけて大きな結晶に育て上げたものである．粉糖は精製糖をすりつぶして微粉状にしたもので製菓用などに使われる．固まるのを防ぐために，約3%以下のコーンスターチを混ぜ合わせることもある．再製糖は各種の含蜜糖，粗糖，精製糖などを混ぜ合わせ，煮たり，固めたり，砕いたりして，種々の色や形状の砂糖にしたもので，種類も多く，様々な名で呼ばれている．

これらの各砂糖の成分を表19.12に示した．

この表でみられるように，グラニュー糖は主成分のショ糖が99.8%に対して，黒砂糖は78〜86%となっている．よく精製されたものはカルシウムやナトリウム，鉄分などの不純物が少ない．

---

* 砂糖の成分は化学的にはショ糖で，酸や酵素の作用で，加水分解してブドウ糖と果糖になる．この分解を転化といい，こうして生じたブドウ糖と果糖の混合物を転化糖という．転化糖はもとのショ糖よりも甘味が強い．

表 19.12　砂糖の成分（%）

種類	ショ糖	還元糖	灰分	水分	色
グラニュー	99.82	0.03	0.01	0.03	白　色
白双	99.9	0.02	0.00〜0.01	0.01〜0.02	白　色
中双	99.8	0.12	0.02	0.03	黄褐色
上白	97.37	1.30	0.02	0.87	白　色
中白	95.15	2.00	0.15	1.97	薄茶色
三温	94.60	2.22	0.28	1.87	褐　色
角糖	99.77	0.02	0.00	0.11	白　色
氷糖	99.74	0.05	—	0.14	白　色
黒糖	78〜86	2.0〜7.0	1.3〜1.6	5.0〜8.0	黒褐色
原料糖	97.48	0.60	0.53	0.53	黄褐色

注 1)　この成分表は平均的なもので，製品によっては多少の差がある．
　2)　還元糖とは，ブドウ糖や果糖などのことである

19.6.2　でんぷん糖

でんぷんを酸で加水分解すると，最終的にはその最小構成単位のブドウ糖にまで分解するが，この分解の程度によって各種の中間分解物の混合物が得られる．でんぷんを酸または酵素で分解して麦芽糖（マルトース）に到るまでの中間のものをデキストリンと称する．これは単一のものではなく，種々の分子量のものがある．麦芽糖はでんぷんをアミラーゼで分解した際に得られる．麦芽は多量のアミラーゼを含み，でんぷんの分解に用いられるので麦芽糖の名がつけられている．麦芽糖は酵素マルターゼ（マルトース分解酵素）で分解され，2 分子のグルコースになる．甘味はショ糖の 1/2〜1/3 程度である．

デキストリンからグルコースに到るまでの各種の中間分解物の混合物をでんぷん糖と総称している．これらのでんぷん糖を大別すると表 19.13 のようになる．

でんぷん糖は加水分解の程度によって，甘味度の他に粘度，結晶

表 19.13　でんぷん糖の分類と種類

	大分類	個 別 の 糖 類
でんぷん糖	水　飴	麦芽水飴，酸糖化水飴，酵素糖化水飴，粉末水飴，マルトデキストリン
	ブドウ糖	液状ブドウ糖，全糖ブドウ糖，結晶ブドウ糖，粉糖，固形ブドウ糖
	オリゴ糖	マルトオリゴ糖（マルトース），イソマルトオリゴ糖，サイクロデキストリン

性，吸湿性その他種々の性質が変わる．この場合，加水分解の程度を示すために D. E.（dextrose equivalnt）が指標とされる．D. E. は次式であらわされる．

$$\mathrm{D.\,E.} = \frac{\text{直接還元糖（グルコースとして表示）}}{\text{固形分}} \times 100$$

表 19.14 に各種のでんぷん糖の性状をまとめて示した．

表 19.14 にみられるように，結晶ブドウ糖はほとんど完全に純粋

表 19.14　でんぷん糖の D. E. と性質

糖の種類	D.E.	甘味度	粘度	吸湿性	溶液の凍結温度	浸透圧	結晶性	平均分子量
結晶ブドウ糖	99～100	大	小	小	低	高	大	小
全糖ブドウ糖	97～99			大				
液状ブドウ糖	60～97							
水飴	35～50							
デキストリン	10～40			大				
でんぷん	0	小	大	中	高	低	小	大

なものはD. E. 100に近く，水あめや粉あめは分解の程度が低く，ブドウ糖の他に，デキストリンやその他各種の糖類を含んでいる.

でんぷん糖の性質はD. E. によりほぼ一定の方向に変化する．したがって，でんぷん糖を使用するときには，これらの性質を充分に考慮して，どの種のものを用いるかを決める必要がある.

デキストリンは甘味がなく，ブドウ糖はショ糖ほどではないが，かなり甘い．それで，D. E. 20前後ではほとんど無味に近いが，D. E. 35〜50の水あめでは甘味が増し，結晶ブドウ糖では最大の甘味となる．なお，デキストリンの吸湿性は，D.E. の大きいものほど高い.

でんぷん糖の甘味料としての特色は，調味されるものの持ち味，特に色と香気を極めてデリケートに生かすことである．果実の缶詰などにブドウ糖が適している．食品を加工する場合，その外観，柔軟性，光沢，焼き色，舌ざわりなどの効果を出すために多量の糖類が用いられるが，食品の風味，嗜好性の上から，甘味料を用いて充分に甘くする場合と，甘味は適当におさえる場合がある．それで，砂糖単品でなく，でんぷん糖類を適宜配合して用いることにより，適当な甘味と適度の濃度感をもたすことができる.

19.6.3 異性化糖液

1960年代になって日本で開発された酵素糖化法によるグルコースの製造法は飛躍的に増大したが，甘味度が砂糖の約70％しかなく，甘味の質も砂糖に劣るところから，需要は頭打ちになっていた．一方，グルコースの構造異性体である果糖（フルクトース）は測定温度にもよるが，砂糖の1.3〜1.8倍の甘味度を有し，摂取してもインスリンの分泌を促進しないなどの優れた甘味剤であった．そこで，砂糖に代わる安価な甘味料としての異性化液糖の開発と利用拡大が始まった.

日本において実用的な耐熱性のグルコースイソメラーセが開発され，異性化糖の生産が急速に拡大された．異性化糖の製造を簡略化して示せば次の通りである.

[でんぷん] →液化型αアミラーゼ→グルコアミラーゼ・枝切酵素→[ブドウ糖]→固定化グルコースイソメラーゼ→[フルクトース]

これらは，ブドウ糖とフルクトースの混合物として，JAS法で定められたブドウ糖果糖液糖（果糖50%未満のもの），果糖ブドウ糖液糖（50%～90%），高果糖液糖（90%以上）などの名称で，飲料を始め各種の加工食品に使用されている.

19.6.4 糖アルコール

ソルビトールは果実を初め，天然物に広く分布しており，ナシ，モモ，リンゴ，アンズ，ブドウなどにも1～2%含有されている．1872年Boussingaultがナナカマド（Sorbus aucuparia L.）の果汁から抽出分離したのが最初で，これがソルビトールの語源になった.

ブドウ糖を水素で還元して作られる．ソルビトール粉末あるいは70%水溶液の形で市販されている．ソルビトールの甘味度はブドウ糖の約60%で，結晶性粉末は溶解度が−26.5 Cal/gの吸熱であるので，クールな極めてよい甘味を示す.

ソルビトールはブドウ糖の末端アルデヒド基を還元してアルコールにしたものであるから，ブドウ糖のようにアミノ酸などと褐変現象（メイラード反応）が起こらず，耐熱，耐酸性があって，安定である．それで着色しては困るような食品の甘味料として適する．ソルビトールは甘味の付与の他に食品の乾燥防止，湿潤調整剤，品質安定剤として，煮豆，佃煮，生菓子など広く食品一般に用いられている.

その他の糖アルコールである還元水飴（甘味度 65），マルチトール（甘味度 80），エリスリトール（甘味度 80），キシリトール（甘味度 100）などは，原料糖の還元や発酵法によって作られる．

これらの特徴は，①熱安定性が高い，②メイラード反応が起こらない，褐変しない，③微生物の栄養源になりにくい，④消化吸収されにくい，⑤一般の糖類と比べて結晶し難いなどの特徴を有する．

糖アルコールは，清涼飲料，乳性飲料，パン，冷菓・菓子を始め漬物，水産練り製品などの各種の加工食品や非う蝕性などの機能性をうたった食品にも利用されている．

19.6.5　オリゴ糖

ブドウ糖や果糖などの単糖が 2〜10 種類程度連なった糖質を総称してオリゴ糖といい，少糖類に属する．少糖類にはショ糖（砂糖），マルトース，乳糖なども含まれるが，これら以外に，ガラクトオリゴ糖（甘味度 32），フラクトオリゴ糖（甘味度 60），乳果オリゴ糖（甘味度 30），イソマルトオリゴ糖（甘味度 50），大豆オリゴ糖（甘味度 50），キシロオリゴ糖（甘味度 40），ラフィノース（甘味度 40），パラチノース（甘味度 20）など単糖が 2〜数個結合したものが開発され利用されている．

これらのオリゴ糖は，砂糖，乳糖，でんぷんより酵素分解，転移酵素反応の活用やタンパク製造時の副産物などから作られる．

甘味度は，砂糖より弱いが，低カロリー，血糖値が上がらない，非う蝕性，ビフィズス菌などを増やし，悪玉菌を減少させるなどの腸内フローラの改善などの有益な効果があるとされている．

19.6.6　トレハロース

トレハロース（α-D-glucopyranosyl-(1,1)-α-D-glucopyranoside）は

ブドウ糖2分子がα, α-1,1結合した非還元性のオリゴ糖（2糖類）である．海藻，椎茸，酵母などに存在する．トレハロースはその工業的製法の確立による価格の低下と食品に対する品質改良等の機能が明らかになり利用度が高まった．

トレハロースの製造法は，でんぷんに液化アミラーゼ，次いでイソアミラーゼで処理した後精製することによって作られる．

トレハロースの性質は，甘味度は砂糖の45％で，甘味の切れが良い，酸性下で分解され難く，着色もし難い．非還元糖でないためアミノ酸などと加熱してもメイラード反応による褐変が起きない．吸湿性が低くべたつきがない．その他の機能として，低う蝕性，でんぷんの老化抑制，タンパク質の変性抑制効果が明らかになり，米飯のテクスチャーの改善に有効である．その他，油脂の酸化防止，冷凍耐性の向上，乾燥耐性付与などの有益な作用が認められている．

19.6.7 蜂　　蜜

蜜蜂が花の蜜を集積したもので，蜂蜜の香気はその花の種類によって異なる．蜂蜜の甘味は果糖とブドウ糖がその中心である．酸味はギ酸，乳酸などによる．冬には結晶する．純良品は透明で黄褐色で香気がある．パンやホットケーキにつけて食べることもあるが，甘味料としては特殊な場合にのみ使用される．

19.6.8 植物由来のその他の甘味料

1） ペリラルチン（peryllartin）

アオシソの精油の成分の一つのペリラルアルデヒドは芳香のある液体で1：12,000の溶液でも甘味がある．このオキシムをペリラルチンといい，さらに甘味が強い．ペリラルチンに増量剤を加えたシソ糖は，水に溶けにくいことと，特有の芳香と多少の苦味を持つのが欠点であるが，糖尿病患者の甘味物質として，またタバコの香料などに用いられる．

2）　カンゾウとグリチルリチン

食品に使用されるカンゾウ（甘草）製品には，食品添加物としての取り扱いを受けずに自由に使用できる天然製品と，カンゾウからグリチルリチンを抽出して，それをナトリウム塩としたものとがあり，後者は食品添加物となっている．

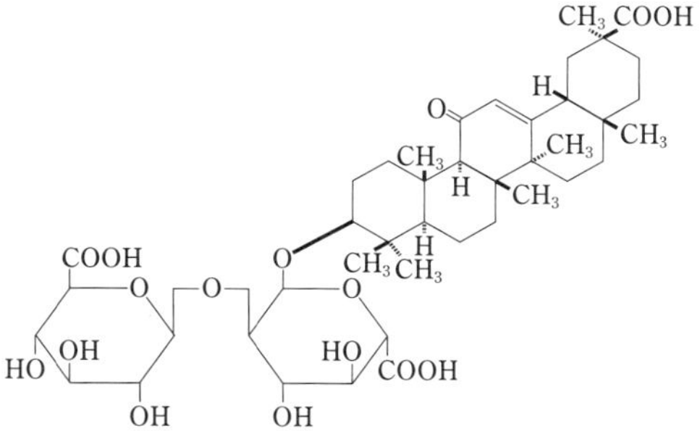

グリチルリチン

原料のカンゾウは主にソ連，中国，イラン，イラクなどから輸入される．グリチルリチンはその化学構造上，トリテルペノイドに属し，サポニン系物質であるから，起泡性と泡への安定化作用があり，使用上注意を要する．この起泡性はしょうゆへの添加などの場合には問題となるが，例えば，パン，ケーキ，生クリームなどの製造の場合にはこの起泡性，泡の安定剤を逆に利用できる．

なお，グリチルリチンは pH 4.2 以上では沈殿がおき，酸性の食品には使用しにくい．そのため，酸性の強い漬物や飲料については水あめと併用するなどの注意が必要である．

3) アマチャ（甘茶）

アマチャの甘味物質はフィロズルチン（phyllodulcin）とよばれる．アマチャは南北アメリカ，インドのヒマラヤ山麓，国内では長野，奈良，山梨地方に産する．この植物はユキノシタ科に属し学名は Hydrangeaserrata Seringe var thunberggi である．フィロズルチンはサッカリンの約2倍の甘味を有する．アマチャ葉中に0.4〜0.9％含有される．アマチャ葉の浸出液は古くからしょうゆの甘味料として使用されていた．

H　OCH_3　O　OH　OH　O

フィロズルチン

4) ステビオシド（stevioside）

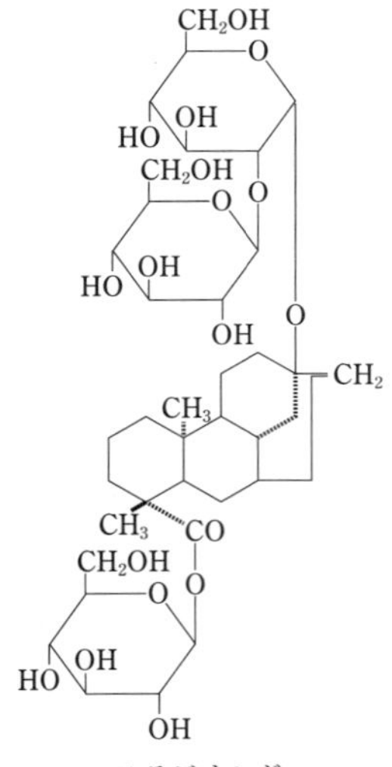

ステビオシド

南米パラグアイに産するキク科の Stevia rebaudiana Bartoni の葉中に含まれる．この物質は1899年に Bertoni らによって発見され，構造が決められた．

甘味は砂糖の300倍で，葉中に約7％含まれる．パラグアイではパラグアイ茶（マテ茶）として飲用されている．ステビオシドはマイルドな甘味を持ち，酸・熱に対して安定である．糖尿病患者用，低カロリー甘味として適している．原料が一地域に限られたものであるため，今後需要が著しく拡大した場合，供給がどうなるかが懸念されるところである．

19.6.9 人工甘味料

人工甘味料は戦後まもなくサッカリンとズルチンが全面的に使用

許可され，また昭和31年にはチクロ（サイクラミン酸塩）が許可され，その後十余年，サッカリン，ズルチン，チクロが広く使用された．しかし，安全性の面から昭和43年にまずズルチンが，次いで44年にチクロが禁止となり，現在ではサッカリンが主体になっている．しかしサッカリンのみでは，甘味の性質が充分でないので，これに特殊の用途を持つソルビットなどの糖アルコールやキシロースなどの非発酵性糖類，天然物としてのカンゾウとグリチルリチンなどが併用される．

1）　サッカリン

1879年，アメリカのジョン・ホプキンス大学のレムゼンとファールブルグがo-トルエンスルホンアミドの酸化物について研究中，この物質が強い甘味を持っていることを発見した*．白色無臭の粉末で，サッカリンは水に溶けにくいが，これをカリウム塩またはナトリウム塩にすると水によく溶けるようになる．これらは溶性サッカリンと呼ばれ，一般にはサッカリンナトリウムが多く使用される．

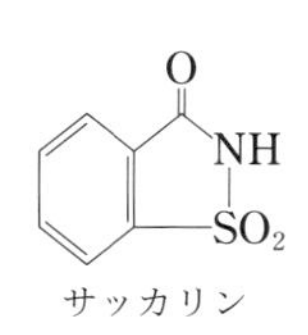

サッカリン

サッカリンの甘味度は砂糖の約300倍で極めて低い濃度でも甘味を感じるが，後味が悪く，濃度を増すと苦味が加わり，また80度以上の加熱でも苦味を生じる．単独で調理に用いることはなく，食品加工でも他の甘味料の補助として用いられることが多い．

---

* サッカリンは1879年にまったく偶然に発見された．ファールブルグはレムゼン教授の命令で，o-トルエンスルファミンの酸化を研究していたが，ある日，研究室からもどって夕食を食べていたところ，どうもパンが甘い．ついでに自分の手を舐めてみると，これも甘い．実験用のガラス器も調べてみると甘い．それで，ファールブルグはレムゼン教授にだまって特許を出願し，ドイツの化学雑誌に投稿した．この後，ファールブルグとレムゼン教授の間で特許をめぐる争いがあり，後味の悪い話がつきまとっている．

2）ズルチン

1883年にベルリネルブラウにより発見され，甘味度はショ糖の約100～200倍，甘味の質はサッカリンよりも優れている．しかし，毒性が強く，使用を禁止している国が多い．日本でも現在は使用禁止となっている．

$C_2H_5O-C_6H_4-NH \cdot CO-NH_2$

ズルチン

3）シクロヘキシルスルファミン酸塩（サイクラミン酸塩）

チクロと呼ばれて愛用された甘味料である．1937年にアメリカのイリノイ大学のスヴェダによって発見され，わが国では昭和31年から許可され昭和44年，発がん性の疑いによって禁止された．甘味度はショ糖の約30倍で，甘味の質が良いのが特徴である．

$C_6H_{11}-NH-SO_3Na$

シクロヘキシルスルファミン酸ナトリウム

19.6.10　高甘味度甘味料

1）アスパルテーム

アスパルテーム*はL-アスパラギン酸とL-フェニルアラニンの2種のアミノ酸からなるジペプチドであり，砂糖に非常によく似た甘味を呈する．

アスパルテームの甘味度は，濃さによって多少異なるが，閾値（0.0028 g/100mL）付近では砂糖の227倍，砂糖の5％前後の溶液

---

* アスパルテームは1965年，アメリカの医薬メーカー，サール社の研究員が胃液分泌ホルモンであるガストリンの研究中に，偶然，手に付着した物質を舐めたところ，強い甘味を呈することに気がついた．
日本では昭和58年8月に食品添加物に指定された．現在では30ヵ国以上で使用がみとめられている．

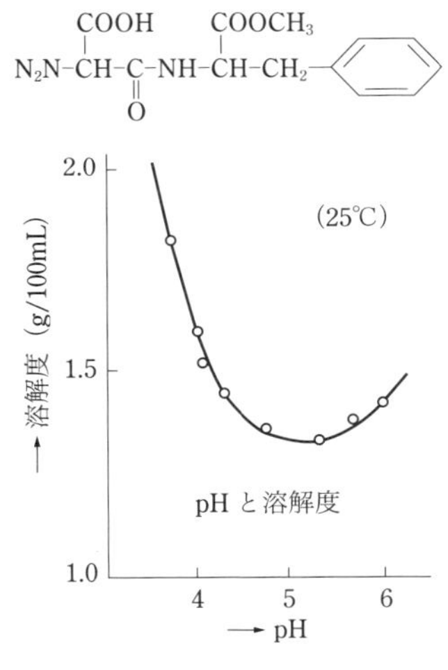

図 19.1 アスパルテームの溶解性

では砂糖の約160倍の甘さで，一般的には砂糖の約200倍の甘味を持つとされている．

アスパルテームの水への溶解度は20℃で約1 g/100mLである．アスパルテームは粉末状態では高い安定性を示し，数年保存しても何らの変質もみられない．水溶液では温度，pHにより安定性が異なるが，一般的にはpH 3〜5を中心にした酸性域，温度は低い方が安定である．

2） アドバンテーム

アドバンテームは，日本では2014年新たに食品添加物に指定された甘味料で，砂糖の約3万倍の甘味を呈する．甘味の後伸びの長いことが特徴で，照り焼きやタレ，ソースなど後を引く甘さが求められる製品に向く．甘味付与以外にもフレーバーエンハンス効果や苦味や渋味のマスキング効果を有する．

3） アセスルファムK

ドイツで1967年偶然発見された甘味料で，日本では2000年に食品添加物に指定され，使用基準及び成分規格が定められた．

甘味度は砂糖の約250倍で，砂糖と比較して，甘味の立ち上がりが早く，後引きが少ない．このため，すっきりとしてキレがいいため，微糖コーヒーや炭酸飲料，アルコール飲料に最適で，他の甘味料との併用で様々な製品に利用されている．

4）スクラロース

1976年に英国で砂糖を基に開発された甘味料で，砂糖の約600

倍の甘味度を有する．1999年に食品添加物に指定され，使用基準及び成分規格が定められた．

サッカリンやステビアなどで指摘される苦味や渋味がほとんどなく，後甘味で後引きがあり，砂糖に似たまろやかな甘味質を有する．他の糖質，高甘味度甘味料との併用により甘味度，甘味質とも増強する傾向があり，清涼飲料水やアイスクリーム等に使用されている．また甘さを付与する以外の目的では，酢カドを取り除く酢なれ，塩のシャープな味（塩カド）を和らげる塩なれ，豆乳などの豆臭の緩和，アルコールの刺激（バーニング感）を緩和する作用などがある．微量添加することにより辛味・乳感・ボディ感（コク・深み）の増強効果がある．

5) ネオテーム

ネオテームはアスパルテームの還元的N-アルキル化によって合成されるジペプチドメチルエステル誘導体である．米国では，2002年に甘味料及び風味増強剤として一般食品分野への使用がアメリカ食品医薬品局（FDA）によって許可された．日本では，2007年に食品添加物として正式に認可された．

砂糖に近いすっきりした甘味を持ち，甘味質の砂糖との主な違いは，かすかな甘い後味が長く残ることである．他の甘味料のアセスルファムカリウムやサッカリンと比べると，苦味の後味が少なく，甘みの発現が遅いという特徴がある．甘味以外に，食品の持つ風味を引き立たせる風味増強効果や，苦味などの不快な味を低減させるマスキング効果も持つ．

ネオテームの甘味度は砂糖の約10,000倍と非常に高い．スポーツ飲料，健康食品，調味食品への甘味付与に有効とされている．

6) ソーマチン

ソーマチンはクズウコン科植物の果実から抽出されるタンパク質

系の甘味料で，甘味度は砂糖の2,000〜8,000倍である．日本では食品添加物の既存添加物に指定されている．

水に溶けやすく耐酸性があり，不快感のない爽やかな甘味質を持ち，砂糖と比べて甘味の発現が遅く，また持続する．苦味や酸味などの不快な味のマスキング力に優れ，その効果は甘味閾値（1 ppm）以下でも発現するため，甘味を気にせず使用できる．

ソーマチンの優れた苦味抑制効果により，医薬品，健康食品分野を中心に使用されている．また，介護食品，減塩食品分野にも使用される．

19.6.11　砂糖にかわる甘味料

最近，デパートなどで，ダイエットフード（肥満防止食）として，砂糖を使わぬ加工品や果糖，ソルビットなどの甘味料が売られている．果糖は甘味度が高く，インシュリンの消費が少ないので，糖尿病患者用特別食には適しているが，肥満防止のための美容食という効果はどうであろうか．ソルビットはある種の果実には3〜10%含まれているが，普通はブドウ糖の還元でつくられる．甘味は砂糖の60〜70%であるから，サッカリンを配合して市販されている．カロリーは10 g（コーヒーなどについてくる1袋分）で，砂糖は約40カロリー，果糖は30カロリー，ソルビットは20カロリーといわれている．

代表的な甘味料の砂糖は微生物の栄養源になりやすいため，これらの高甘味度甘味料は，酵母などの微生物の繁殖による食品の品質劣化を防ぎ，保存性を高めるために有効である．また，一般の糖類では粘性が増加するため，粘性が出ては困る漬物などの食品では，少量の甘味料で代替えする場合がある．

一般的に，高甘味度甘味料は，ノンカロリーであり，糖尿病，肥満，虫歯などの予防や健康面を訴求する食品や飲料への甘味付与に好適である．また，糖類による原料の粘性の増加や収縮，硬化などの物性変化を防止するため，微生物の増殖防止，コストメリット，味質の改善などの目的で使用される．

19.7 うま味調味料

うま味を食品に与える調味料として，最も直接的で代表的なものは“グルタミン酸ナトリウム”や“イノシン酸ナトリウム”，“グアニル酸ナトリウム”などの，“うま味調味料”である．これらのうま味調味料を適当な割合で配合したものが“複合うま味調味料”である．

うま味調味料は，以前は化学調味料と呼ばれたが，1980 年代より“うま味調味料”と呼ばれている．L-グルタミン酸ナトリウム（MSG）は，1908 年の特許により，小麦グルテンから塩酸分解して分離，精製して作られていた．1957 年木下，鵜高博士らによる画期的なグルタミン酸発酵技術が確立され，砂糖キビから砂糖を作る副生物の糖蜜を原料として製造されている．現在，世界の MSG の生産量は 330 万 t 強（2015 年）といわれ，日本では 10 万 t 強（2017）が消費されている．

一方，“イノシン酸ナトリウム（IMP）”，“グアニル酸ナトリウム（GMP）”は核酸系のうま味調味料と呼ばれ，日本の技術者によって酵母核酸の分解や，発酵法による製造法が確立され，世界で 3 万 t 強（2011），日本では 5 千 t 強（2017）消費されている．

現在，生産されているうま味調味料は，表 19.15 のように大きく 4 つに分類される．1 と 2 のタイプは，主に業務用として使用されている．3 と 4 のタイプは「うま味の相乗効果」が強くなるように

表 19.15　うま味調味料の分類

タイプ	分　類	原材料名
1	アミノ酸系うま味調味料	グルタミン酸ナトリウム（MSG）
2	核酸系うま味調味料	イノシン酸ナトリウム，グアニル酸ナトリウム リボヌクレオチドナトリウム
3	低核酸系うま味調味料	リボヌクレオチドナトリウムを 1～2.5%配合
4	高核酸系うま味調味料	リボヌクレオチドナトリウムを 6～12%配合

注)：「リボヌクレオチドナトリウム（Na)」はイノシン酸ナトリウム，グアニル酸ナトリウムの混合物.

工夫されており，主に国内で家庭用として発売されている．表のうちタイプ 1，2 は単一うま味調味料，3, 4 は複合調味料（または複合うま味調味料）とも呼ばれる.

19.7.1　グルタミン酸ナトリウム

グルタミン酸ナトリウムは英語では monosodium glutamate といい，一般に MSG と略称されている．本項でも，便宜上 MSG と略記する.

1）使 用 量

一般調理および加工食品について，それに含まれる食塩量を基準にすることが適当とされている．例えば，調理に例をとると，味のうすいすまし汁，潮汁のようなものには食塩量（1.0%前後）の 5～10%が最低使用量であり，野菜の煮物，種々の中華風料理のような濃厚な味の場合には，食塩量の 10～20%使用することが必要である.

また，各種加工食品に対する MSG の添加基準量もだいたい食塩の 5～20%程度であるが，もちろんその添加量は原料の質，食塩濃度，甘味度などによって，かなり異なるものである．

例えば，全国各地のかまぼこ，ちくわの類を食塩について分析してみると，食塩量は2〜3%，MSG量は0.3〜1.5%で，産地，等級によって多種多様であった．この場合，上物のかまぼこではMSG/食塩の比率が高く0.3前後であるのに反し，並かまぼこ，もしくは，ちくわでは0.15前後で，低い比率を示す傾向がみとめられた．

MSGの使用量に関して，溶解度の点から問題となるのは食酢であるが，このことについては後述する．

2）　使用時期

MSGは冷水，温水に極めて溶けやすく，また加熱しても安定であるから，その使用時期は一般加工食品の性格に応じて適当に決めてよい．一般調理では，材料の内部にまで味付けをする場合は調理の初めに，そうでない場合には仕上げ時に使用すればよいわけである．

3）　MSGと他の調味料

a）　MSGと食塩

食塩は生理的に重要な作用をしていることは今更いうまでもないが，人間はその爽快な塩味のために，食物の味付けとして日常の食生活に食塩をとり入れるようになったに違いない．

しかし，やがて人間の味覚探求は，食塩のみの単調な味付けに満足せず，次第に食塩の“ただの塩からさ”を緩和し，その単調さを豊かにする方向に向って，様々な調味料が創製されたものと考えられる．

大陸から渡ったみそ，しょうゆにはグルタミン酸を始めとするアミノ酸類，糖類，有機酸などが含まれており．これらが渾然一体となって，この塩からさを緩和しているものと思われる．MSGは，このような成分と同様に，食塩の塩からさを緩和するだけでなく，食塩との共同作用によって食物の味を素晴らしく強調することは，既に良く知られているところである．

どのような簡単な料理にせよ，またぜいたくな料理にせよ，鹹，酸，苦，甘の調和が大事であるように，MSGも調理に際して最も効果的に作用させることは，料理研究家が一致して提唱するところである．

調理に当たって，MSGが最も効果的に働く割合は，その料理に添加する最適食塩量の5〜20%である．

b)　MSGと食酢

酢のものにMSGは非常に合うので，MSGを使った酢のものは大変おいしい．しかし時によると，使った割には効果がないという批判を聞くことがある．これはMSGの使いすぎに起因しているようである．このことについて少し説明してみよう．

食酢そのもののpHは2.8前後である．食酢1勺（18 cc）にMSGを約0.15 g添加すると，結局MSG濃度は約0.8%（グルタミン酸として約0.7%）となり，pHは弱まって3.3を示し，グルタミン酸のpH値とほぼ等しくなる．この濃度はだいたい20℃の温度におけるグルタミン酸の溶解度に等しい．したがって，MSGをこれ以上使用しても，もはや溶解しないので，これ以上添加しても0.15 gの味しか示さないことになる．このわけは，MSGは中性塩であるから酢の中の酢酸と中和反応を起こし，過剰のグルタミン酸は沈殿して呈味に無関係になり無駄となってしまう．すなわち「使った割には効果がない」ということになる．そればかりでなく，MSGを使いすぎると，中和反応によって酢のもののpHは3.8近くになり，酸味が弱まって酢のものの特徴が著しく減退することになる．

ふつう酢のものの場合，加えた食酢は材料中の水分を含んで，おおよそ2倍に薄まる．2倍に薄まると，酢のものの中のMSGの濃度は約0.4%となる．ふつう料理ではMSGの最適添加量の極限は0.3%であるから，食酢1勺（だいたい酢のもの1人前）あたりのMSG添加量0.15gは多からず，少なからず，だいたい適量といえる．この場合，酢の酸味もまた，ほどよく維持される．

4) MSGの安定性

調理の時に，MSGを初めから入れると，MSGが熱のために分解してうま味が弱くなるのではないかということをしばしば耳にする．しかし，このことは，調理に用いる温度，pHではMSGは変化されず，その呈味力にも変化がない．

MSGの加熱による変化を考えるときには調理の温度と加熱時間，食品のpHを考える必要がある．

ふつう煮炊きの最高温度は102.5℃くらいであり，煮炊きの時間はだいたい30分以内と考えてよい．また食品のpHは表19.9に示したように，おおよそ3〜7の範囲である．したがって，このような条件ではMSGはまったく変化を受けないと考えてよいのである．

実際に，2%食塩水溶液に0.2%のMSGを加え，この溶液のpHを5.6にして，100℃，107℃，115℃の各温度で，30分，1時間，2時間，4時間加熱し，その時のMSGの量を測定すると，その減少の程度は表19.16のようであった．

表19.16 加熱によるMSGの変化 (%)

加熱時間	100℃	107℃	115℃
30分	0.3	0.4	0.7
1時間	0.6	0.9	1.4
2時間	1.1	1.9	2.8
4時間	2.1	3.6	5.7

この結果からもわかるように，100℃，30分間の煮炊きでMSGの変化はわずかに0.3%にすぎないのである．すなわち，MSGの熱による変質はきわめて微弱であることがわかる．

19.7.2　イノシン酸ナトリウム

1)　使用量

イノシン酸ナトリウムは，前述のように単独で使われることはなく，食品加工，調理いずれも，ほとんどの場合 MSG と併用されるので，単独にイノシン酸ナトリウムの使用量を決めることは不適当ではないかと思われる．一般に MSG 使用量の 1/20～1/50 前後がイノシン酸ナトリウムの使用基準量と考えてよいようである．

2)　使用時期

イノシン酸ナトリウムは MSG と異なり，加工食品に用いる場合，その使用時期は種々問題がある．イノシン酸は酵素により分解されて，うま味がなくなるためである．

生鮮物を原料とするものや微生物での発酵が行われる場合で，予備加熱工程のある食品加工では，予備加熱後に加えることが望ましい．予備加熱工程がなく，しかも加熱処理後に混合の工程のないものでは，イノシン酸ナトリウムの添加と加熱処理との時間的間隔をできる限り短縮する必要がある．いずれにせよ，活性の高い酵素と接触する時間をできるだけ短くし，可能ならば接触する機会をまったくつくらぬようにすることが望ましい．これは，グアニル酸ナトリウムにもあてはまる現象である．

例えば，漬物やみそ，しょうゆなどに加える場合には，事前に加熱によって分解酵素を失活させてから加えることが重要である．

19.7.3　グアニル酸ナトリウム

1)　使用量

前述のように，単品で使われることはほとんどなく，MSG およびイノシン酸ナトリウムとの混合物または，イノシン酸ナトリウムとの混合物の形で，一般家庭用うま味調味料もしくは食品加工の業務用調味料として使用されている.

イノシン酸ナトリウムと同様，現状では調味料以外の目的に使われている例はないようである.

また，イノシン酸ナトリウムとグアニル酸ナトリウムとの等量混合物（各々を50%含むもの）のMSGとの相乗呈味力は，イノシン酸ナトリウムのみの場合の約2倍であるといわれている．したがって，このような混合物を加工食品に使用する場合には，一般の食品については前に示したイノシン酸ナトリウム添加量の約半量使用すれば，ほぼ同程度の効果が得られるであろう．味の濃厚な食品，特に畜肉などを材料とする食品に対しては半量以上の添加が必要である.

2） 使用時期

グアニル酸ナトリウムは，イノシン酸ナトリウムと同様，普通の食品のpHでは相当長時間加熱しても分解することはほとんどない．しかし，天然食品中に含まれるホスファターゼ（phosphatase）に対しては不安定で，酵素活性の高い食品中に添加した場合，イノシン酸ナトリウムとおおむね同等の挙動を示す．したがって，発酵食品とか生鮮物を原料とする加工食品に使用する場合には，使用時期，工程の低温管理などに注意する必要がある.

19.7.4 コハク酸ナトリウム

食品添加物のコハク酸ナトリウムは，うま味調味料には属さないで，有機酸系の調味料または，有機酸系のうま味調味料と言うべきである．これらは，特徴的な貝のうま味を呈する.

コハク酸およびコハク酸ナトリウム（1ナトリウムおよび2ナトリウムがある）は，醸造品をはじめ一般加工食品に調味料として用いられているが，その味がかなり特異的で使用法に難があるため，家庭用調味料として使われることはほとんどない．

加工食品に対する添加基準値は，清酒（3倍増醸清酒）0.08～0.09％，しょうゆ0.01～0.03％，ねり製品0.01～0.03％であるが，MSG，イノシン酸ナトリウムなどと異なり，適量以上に添加された場合には返ってその食品の風味を害することがあるので注意する必要がある．

なお，コハク酸ナトリウムは医薬用として用いられる．

19.7.5　複合うま味調味料

イノシン酸やグアニル酸はそれぞれ単独で用いるよりも，グルタミン酸と併用して，料理や食品加工に利用されている．前述のように，MSGとイノシン酸ナトリウム（Na），MSGとグアニル酸ナトリウム（Na）との間には呈味上の相乗効果がある．これが現在の複合調味料の出現の根底になっている．

最近の家庭用うま味調味料の多くは，MSG単独でなく，そのうま味をさらに強めるために核酸系うま味調味料が少量添加されている．現在，この種の市販うま味調味料の各成分の配合割合は表19.17のようになっている．

表19.17　現在一般家庭用に市販されているうま味調味料の種類

分類	商品名	製造会社	MSG	リボヌクレオチドNa	イノシン酸Na	グアニル酸Na
低核酸系	味の素	味の素（株）	97.5％	2.5％		
高核酸系	ハイミー		92％	8％		
	いの一番	MCフードスペシャリティーズ(株)	92％	8％		
	フレーブ	ヤマサ醤油（株）	91.5％		4.25％	5.24％

19.8 天然系調味料

天然の“だし”，例えばコンブのだしとか，かつおぶしのだしは，それぞれコンブやかつおぶしの主としてうま味成分を利用するもので，つまり，それらのエキス分中に存在する多くの成分の中でも，とくにそのうま味成分を活用しているわけである．天然のエキス*としては肉エキス，貝，野菜のエキスなど多種類のものが利用されている．農産・水産・畜産物や酵母を原料として，熱水抽出や一部酵素処理，発酵・熟成して作る「エキス」やこれらの風味向上や品質の安定化のために呈味成分などの副原料を加えたものが「エキス調味料」である．また，前述の原料に含まれるタンパク質を，酸や酵素で分解して作り，アミノ酸を主体に含む調味料を「タンパク加水分解物」と呼ぶ．また，これらの調味料を総称して業界では「天然系調味料」と称している．

19.8.1 天然系調味料の分類

表 19.18 にこれらの天然系調味料の分類を示す．

エキスは抽出法によるもので，その製造法からみれば，“だし”，“素汁”に相当するもので，原料や作り方により和風のだし，洋風

---

* エキス成分の定義　畜肉，豚肉などはそれぞれ特有の風味を持っているが，その呈味成分のほとんどは水溶性である．したがって，天然食品の抽出液中には，これらの呈味成分が溶解してくることになる．エキス成分の定義には諸説あるが，一般にはエキス調製時に不溶成分を除去した後，水溶液として抽出されるものをエキス成分と呼んでいる．これらの抽出液中には，多種類の物質が含有されるわけだが，タンパク質の他に脂肪，高分子炭水化物，高分子脂肪酸，色素などは水に不溶性であるために，エキス成分中には含まれない．したがって，これらを除去したアミノ酸類，ペプチド，塩基性物質，核酸関連物質，低分子炭水化物，有機酸，無機塩などが含まれる．
各成分は生体の代謝産物に深い関係があり，生理的に重要な物質が多い．

表 19.18　天然系調味料の分類

区分		大分類	中分類	個別分類
天然系調味料	エキス	畜　産エキス	ビーフエキス	牛肉エキス，牛肉骨エキス
			ポークエキス	豚肉エキス，豚骨エキス
			チキンエキス	鶏肉エキス，鶏がらエキス
			その他	鴨エキス　他
		水　産エキス	魚介エキス（魚類，貝類，甲殻類エキス）	鰹エキス，鮪エキス，グチエキス，鮭エキス ホタテエキス，カキエキス，エビエキス，鰹節エキス，鯖節エキス，煮干エキス，魚醤油　他
			海藻エキス	コンブエキス，ワカメエキス，のりエキス　他
		農　産エキス	野菜エキス	玉ねぎエキス，ニンニクエキス，白菜エキス，ニンジンエキス，ショウガエキス，セロリエキス　他
			キノコエキス	椎茸エキス，松茸エキス，マッシュルームエキス　他
			その他	その他の香辛野菜エキス　他
		酵　母エキス	酵母エキス	ビール酵母エキス，パン酵母エキス，トルラ酵母エキス，　その他
	タンパク加水分解物	植物タンパク加水分解物		Hydrolyzed Vegetable Protein（HVP）ともいう
		動物タンパク加水分解物		Hydrolyzed Animal Protein（HAP）ともいう
		タンパク酵素分解物		植物タンパク酵素分解物，動物タンパク酵素分解物

のフォンやスープストック，中華の湯（タン）に相当するものである．

このような素材的なエキスに呈味成分や賦形剤などを加えて，濃縮したペースト，粉末，顆粒などに加工されて業務用のエキス調味料として広く利用されている．

“酵母エキス”は生酵母を酵素的に自己消化したり，その他酵母菌体分解酵素や核酸分解酵素によって，菌体を分解させて得られる呈味成分を濃縮したものである．酵母中には各種の酵素が含まれており，自己消化によってタンパク質，核酸などから，アミノ酸，ペプチド，イノシン酸などの呈味物質が生成する．酵母としてはビール酵母やパン酵母などが使用されるが，原料費などの関係で，最近では亜硫酸パルプ廃液に，Torlopsis utilis や Mycotorula japonica を接種して得られたものが原料酵母として使用される．酵母エキスの最大の欠点は，特有の香りを有することである．この香りの弱いものが調味素材として好まれるので，その香りを改良されたものが販売されている．また，メイラード反応を応用した肉風味を有するもの，また，酵母菌体由来の成分を有効に利用した高核酸や高グルタミン酸を含有する酵母エキスが開発されている．

魚醤油は，国内ではしょっつる，いしるなど，海外ではタイのナンプラ，ベトナムのニュクナムなどあり，多獲魚を食塩の存在下に自己消化・熟成させたもので歴史も古いものである．これに，新しい日本の麹菌利用の技術が加わり，各種の未利用の魚資源を利用した魚醤油が開発されている．

19.8.2　天然系調味料の使用効果と用途

天然系調味料の意義は表 19.19 に示すように簡潔にまとめられる．すなわち，食品の調理や加工に当たって，天然材料がよいものであるなら，調理法が適当であれば製品はよいものができる．しかし，原材料があまりよくない場

表 19.19　天然系調味料の意義

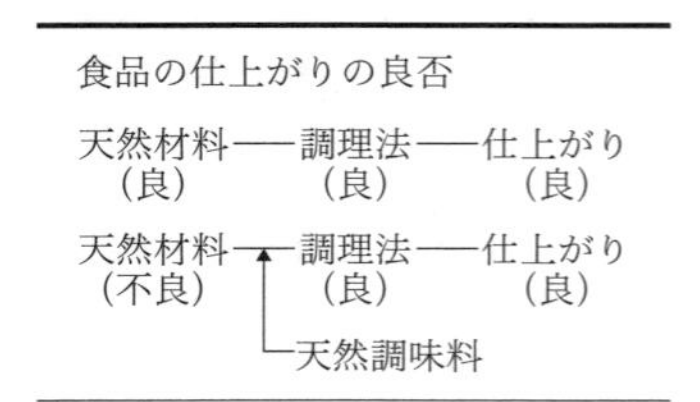

合，なんらかの形で天然の味を補わなければ，いくらよい調理や加工をしてもよい製品にならない．これらの例はいくらでもあげることができる．

例えば，かまぼこの場合，従来は，エソ，グチ，ハモ，ひらめなど以西底曳魚や近海魚の持ち味と各地の独特の製法などで，種々の地方色がみられたものであるが，最近のように，どこでもスケソウダラの冷凍すりみばかりを使うようになっては各地のかまぼこの特性がほとんど失われて，全国みな同じようなものになった．スケソウダラの晒し身は遊離アミノ酸量など呈味成分の含量が少ないので，この場合はどうしても他の調味料を補って，従来の味の線までもってゆかねばならない．そのときにグルタミン酸ナトリウムやイノシン酸ナトリウムなどのうま味調味料は有効であるが，これらの

表 19.20　天然系調味料の使用効果

項　目	使　用　効　果
呈味増強効果	エキスや分解物に含まれるアミノ酸，ペプチド，核酸系の物質，有機酸等により，うま味を中心に呈味を増強する．
コク味の付与増強	うま味調味料のみでは表現できないコク（濃厚感，幅，まろやかさ，味の調和など）の付与と増強．
風味付与増強効果	チキン，カキ，カニ，玉ねぎ，などの各エキス独特の特徴のある風味（フレーバー）を付与し，すでに存在する風味をさらに増強する．
風味の改良効果	原料や製造工程に起因する異味（苦味など），異臭（大豆タンパク臭など）を改良する．これは，エキスに含まれる各種アミノ酸，ペプチド，有機酸，糖類などの作用による．
減塩効果	エキスや分解物に含まれるペプチド，アミノ酸の味やだし風味などにより塩味が強化されて，減塩してもおいしさが保持される．
その他の機能	調味作用に加えて酸化防止，防腐，健康機能などの特殊の機能を有する．エキスの有する抗酸化作用，含まれるアンセリン・カルノシン，有機酸などによる作用．

比較的単純なうま味だけでは製品の味がどうも単純になって，妙味がない．できれば，種々の食品のエキス分やタンパク加水分解物の味を利用したい．

これらの天然系調味料の使用効果をまとめて表 19.20 に示す．うま味調味料のみでは付与できない呈味の幅，コク，特徴のある風味の付与に加えて，おいしさを保持しながらの減塩調味が可能になる．また，調味作用以外の抗酸化機能，エキス等に含まれるアンセリン，カルノシン他による健康機能を有するなどの使用効果が期待できる．

これらの天然系調味料が使用される食品は，次の 4 つのジャンルに分類される．いわゆる，日本の食品産業の発達に伴って発展したといえる．たとえば，インスタントラーメンなどの即席食品が簡便でおいしくなったことも，天然系調味料の使用によるものと言っても過言ではない．

① 加工食品分野：インスタントラーメン等の即席食品，即席カレー・シチュー，水産練り製品，漬物，スナック菓子，食肉加工品などの加工食品

② 調味料 2 次加工品：風味調味料，ソース，たれ・つゆ，ドレッシング，スープ，合わせ調味料など

③ 外食産業向け調味料：ラーメン，そば，うどん，洋食店などで使用されるスープ，ソース，たれ，つゆ，ドレッシングなど．

④ 中食用調味料：テイクアウト用食品のスープ，たれ，つゆソース，ドレッシングなど

19.8.3　エキス調味料の生産量

エキス調味料の生産量の推移を表 19.21 に示す．

現在，市販の加工食品のほとんどの製品の原材料表示にエキスの

表 19.21　エキス調味料の生産量の推移（トン）

分類＼年度	1996	2001	2006	2011	2016
水産エキス	20,000	43,000	48,000	47,363	66,028
畜産エキス	44,000	92,000	85,000	81,105	79,416
農産エキス	5,000	8,300	8,300	8,291	26,584
酵母エキス	4,909	10,600	14,400	11,317	13,728
合　計	73,909	153,900	155,700	148,076	185,756

名称が見られるように，エキス調味料は多くの日本の加工食品の調味に使用されている．海外では，酵母エキスの普及がみられ，世界では25万トン生産されている．

19.8.4　タンパク加水分解物

タンパク加水分解物は，動植物タンパク質を酸や酵素で分解したものであり，原料由来の各種アミノ酸を豊富に含み呈味力が強く醤油を始め各種の加工食品の調味に使用されている．

“植物タンパクを原料とするもの”で一般に広く市販されているのは，脱脂大豆のタンパク質を酸分解して得られるアミノ酸混合物を主成分とするものである．最近では，精製度も高く，種々の添加物で味付けしたものが市販されている．

また，これらのエキスやタンパク加水分解物などを配合した第3番目の“配合型の天然調味料”も多数，各社で開発されている．例えば，牛肉エキスの分析結果から，そのエキス成分の効果を再現したもので，牛肉エキスの約3倍のコクを有するもの，タンパク加水分解物やエキスをメイラード反応させたコク味調味料なども開発さ

表 19.22　タンパク加水分解物の原料と特徴

区　分	原料と製法	特徴・用途
植物タンパク加水分解物	大豆，小麦，コーン，ポテトなどの植物タンパク質を原料として，塩酸分解・中和・精製して作る	食塩含量高い，アミノ酸含量多く，呈味，特にうま味が強い，醤油，ラーメンスープなど各種加工食品に使われる
動物タンパク加水分解物	ゼラチン，チーズホエー，食肉・水産加工の副生物，エキス抽出の不溶解タンパクを原料として，塩酸分解・中和・精製して作る	食塩含量高い，アミノ酸含量多く，呈味，特に甘味が強い，水産練り製品，漬物など各種加工食品に使われる
配合型	上記分解物とエキス類，アミノ酸，核酸系調味料，有機酸等の配合，調理加熱工程などにより風味を強化したもの	ラーメンスープ，水産練り製品など対象の加工食品に適合した調味料，コク付与型，減塩型などあり
タンパク酵素分解物	上記のタンパク質を，プロテアーゼ（エンド型，エキソ型）分解，精製してつくる	食塩含量低い，アミノ酸，ペプチド含有，低塩食品，コク付与などに有効

れている．

これらのタンパク加水分解物の原料や特徴および用途について表 19.22 にまとめた．タンパク加水分解物は，日本では古くから使用されており，年間約 10 万トン強（2016 年）使用されている．

19.9　だし原料

汁物，煮物などの味の基本となるものは素汁（もとじる）である．日本料理では“だし”といって，西洋料理ではスープストック，中華料理では湯（タン）と呼んでいる．料理の素汁は表 19.23 に示すように，多くの種類があり，種々のものがその素材に用いられる．そのなかで最も一般的なものはかつおぶしなどの節（ふし）類，煮干し類，肉類，コン

表 19.23　料理の素汁

料理	呼称	種　類	素　汁
日本料理	だし	節類のだし	かつおぶし，さばぶし，いわしぶし，など
		鶏のだし	鶏肉（かしわ肉），鶏骨
		魚介類のだし	エビ，ホタテガイ，アサリ，魚類
		コンブだし	コンブ
		牛肉のだし	牛肉（脛肉）
		キノコのだし	シイタケ，シメジなど
西洋料理	スープストック	ミートストック	牛肉
		チキンストック	鶏肉
		ボーンストック	牛，豚，鶏の骨
		フィッシュストック	魚のあら
中華料理	做湯（タンツウオ）	葷湯（フオヌタン）	鶏，豚，ハム，干し貝柱，干しアワビ，干しエビ，スルメ，その他
		素湯（スウタン）	もやし，シイタケ，ハクサイ，トウガン，タケノコ，ニンジン，タマネギ，ダイコン，セロリなど

ブなどである．

19.9.1　かつおぶし

かつおぶしはわが国独特のもので，世界に類がないようである．かつおぶしの歴史は古く，奈良時代の「大宝律令（701年）」や平安時代の「延喜式（927年）」に「堅魚」・「煮堅魚（にかたうお）」・「堅魚煎汁（かたうおいろり）」といったかつおぶしやその煮汁と予想される名前がみられる．まさに，かつおぶしは日本人のソウルフードと言える．平成26年度のかつおぶしの日本での生産量は合計29,649 tで鹿児島県がトップである．近年，原料カツオの水揚げ地域との関係や和食の海外認知に伴い海外でかつおぶしが作られ始めている．

その名のとおり，カツオを原料とし，原料カツオの頭，内臓を切り取り，3枚におろし，左右両側の肉からつくった節を亀節といい，また3 kg以上の大きなものはこれをさらに背と腹の2部に分けて，背肉の方からつくる節を雄節とか背節，腹肉のほうは雌節とか腹節という．カツオは春から秋にかけて，日本列島の太平洋岸を北上するので，全国各地でかつおぶしがつくられ，産地の名をつけて，薩摩節，土佐節，焼津節，伊豆節，三陸節などという．カツオは春から秋にかけて北上中に次第に油がのってくるが，かつおぶし製造の場合にはあまり油の多いものはよくなく，魚肉に対して2%前後の油脂含量のものが良いとされ，そのため，8月以降三陸沖で捕れたものでつくった秋節は品質が劣るとされていた．しかし，最近は冷凍技術が進歩し，全国各地の原料を適当な時期に使用することができるので，現在では上述のことはあてはまらなくなっている．

かつおぶしは原料を煮熟し，次にばい乾をくりかえして乾燥し，最後にカビ付けによって製品とする．この間に，可溶性窒素化合物が増加し，中性脂肪が減少し，イノシン酸が増える．かつおぶしのうま味の主成分はイノシン酸であるが，イノシン酸が工業的に多量につくられるようになった今日では，かつおぶしの価値は，その香りにあると考えられる．

1) かつおぶしの風味と呈味成分

かつおぶしの風味に関する研究は古くから行なわれてきたが，特に近年になって，ガスクロマトグラフ質量分析計（GCMS）やオルファクトメトリーなどによる分析技術が確立されてからは，ことにかつおぶしの香味成分の研究が盛んに行なわれ，これまで多数の香味成分が確認され，その数は合計約400種にも及んでいる．

このように多数の香気物質が，確認または同定されているにもかかわらず，かつおぶしについては，まだ完全にその好ましい香気を配合により調製することが困難であり，かつおぶしの香気がいかに

表 19.24 かつおぶしの基本的な香気成分

肉質的な香り	揮発性含硫化合物（メタンチオール，ジメチルサルファイド，硫化水素など）
香ばしい焙焼香	ロースト香（ジメチルピラジン，エチルメチルピラジンなど）
燻煙香	フェノール類（4-メチルグアイアコール，フェノール，グアイアコールなど）
魚らしい香	カルボニル化合物（アルデヒド類，ケトン類など）

複雑であるかがうかがえる．

これらの香気成分は，かつおぶし製造工程中におけるばい乾，カビ付けなどの操作によりつくり出される．すなわち，ばい乾の折の煙の成分の吸着，カビのもつ脂肪分解酵素により生成された香気，同じくタンパク質に由来する香気などの複合したものである．かつおぶし特有の香りとして重要な香気は，表 19.24 のように 4 つに分類されている．

一方かつおぶしの呈味成分としては，イノシン酸，遊離アミノ酸類，有機酸類が挙げられる．

かつおぶしエキス中の遊離アミノ酸の分析は，これまで数多くなされ，表 19.25 に示すように，その大部分がヒスチジンであり，次いでアラニン，グリシン，リジンが比較的多く，グルタミン酸は結合型（ペプチド）として比較的多くみられる．

次にかつおぶしのイノシン酸含量は，表 19.26 に示すように，対かつおぶし乾物 0.3〜0.9％に及んでいるが，かつおぶしの品質とだし中のイノシン酸やアミノ酸含量，組成とは相関が認められず，大石は結局，だしの呈味性に最も影響を及ぼすものとして脂肪分を挙げている．

かつおぶしが，現在料理に用いられるときの主たる効果は，うま

表 19.25 かつおぶしエキス中の遊離アミノ酸（mg/100g）

（大石ら）

アミノ酸	含量	アミノ酸	含量
アラニン	80.9	リジン	75.4
アルギニン	12.1	メチオニン	28.7
アスパラギン酸	22.2	フェニルアラニン	24.4
グルタミン酸	36.7	プロリン	42.2
グリシン	94.4	セリン	34.3
ヒスチジン	2955	スレオニン	38.0
イソロイシン	33.2	トリプトファン	4.4
ロイシン	42.3	チロシン	31.7
		バリン	55.3

土佐本節上等，普通肉一番だし中，分析は bio assay 法による．

表 19.26 かつおぶし中のイノシン酸含量（藤田ら）

産地／グレード	土佐	田子	焼津	薩摩	三陸
上級品	416	585	617	862	500
下級品	687	915	351	489	—
脂肪節	279	388	732	515	437

本枯節対乾物試料（mg/100g）

味調味料，あるいは天然系調味料が普及している現在では，その好ましい香気を付与することであることは前にも述べた．かつおぶしのうま味成分であるイノシン酸の呈味効果は，MSG の併用で容易に高めることができる．

かつおぶし味成分について，オミッションテストによって各種成分のかつおぶし味への寄与について鴻巣教授，福家ら共同研究者が行った結果を表 19.27 に示した．

かつおぶしは黒褐色で特有のカビ色を有するものは良いが，黒みの強いもの，黄褐色，灰褐色のものは良くない．皮に一面にちりめ

表 19.27 かつおぶし味有効成分の特性

	甘味	酸味	塩味	うま味	持続性	コク	まろやかさ
グルタミン酸 23mg	+			++	+	+	+
ナトリウムイオン 434mg			+			+	
カリウムイオン 688mg				+		+	
塩素イオン 1600mg				+	+	+	+
5′-イノシン酸 474mg			+	++	++	++	+
乳酸 3415mg		++					
ヒスチジン 1992mg		++		+			
カルノシン 474mg				−			−−

注）1）数字は mg/100g 本枯節，
2）＋：やや増加，＋＋：かなり増加，－：やや減少，－－：かなり減少

んじわがはいったものが含油量が適当で，皮が肌にぴっしりついたものは油が少なすぎ，皮に大きなしわがよったものは油が多すぎる．また形は全体に丸味を帯び，堅くて重く，打ち合わせて堅い余韻のあるものがよい．だし汁にしたときに淡色透明で，香味のよいものがよく，濁ったものや油くさいものは不良品である．また，かつおぶしは，削りたてを用いるのがよいとされているが，これは香気が変化するためで，削って時間が経過するとき目立つのはヘキサナールの増加で，これは青くさいにおいを持ち，油のもどり臭の一

成分とされている．

2）　かつおぶしだしのとり方

かつおぶしだしのとり方は，熱を加えないで取る水だしの取り方と加熱してとる煮だしのとり方があり，とくに加熱してだし汁をとる方法については種々のことがいい伝えられている．その要点は，沸騰水中に入れて短時間加熱し，ただちにだしがらとだし汁とを分けるというものである．かつおぶしをうすく削って用いるので，主なうま味成分，イノシン酸や遊離のアミノ酸は1分以内に抽出され，その浸出量は5分煮出しても変わりはない．短時間の加熱がすすめられるのは，かつおぶしの香りが長時間の加熱で減少するためであり，また，蓋をとって加熱するようにいわれるのは，易揮発性の香りと高沸点の揮発性物質のバランスの問題と思われる．一般的には水1リットルを鍋に入れ沸騰させてから，かつおぶしの削りぶし30 gをざっと入れ，直ぐに火を止めて，削りぶしがしずんだら漉して出来上がる．

かつおぶしに限らず，だしをとる場合にはだし材料からいかにして好ましい味および香りだけを抽出して，望ましからぬ味および香りの抽出をいかにして抑えるかが問題であり，そのためには種々のいい伝えに対して，科学的な対処が必要である．

3）　その他の節類

かつおぶしの他に，さばぶし，そうだぶし，さんまぶしなどがある．さばぶしはサバの頭，内臓を除き，煮熟後，焙乾したもので，カビ付けを行わないものが主流である．そうだぶしはソウダガツオを用い，さばぶしとほぼ同様にして製造される．さんまぶしはサンマを原料とするが，サンマは含油量が多いので，他の節のように煮て干しただけでは油が多すぎてベタベタしたものになるため，ふつう煮熟したものを加圧し，油の大部分を除去後，日干しまたは火力

表 19.28 各種魚ぶし類の特徴

節の種類	節の特徴
さばぶし	関東地方で良く使われる．そば，うどん，鍋物にあう．強い甘味と重厚感あり
宗田かつおぶし	関東・東北で使用，だしの色濃く単品では使用しない．独特のエグ味と濃厚感あり
うるめ鰯ぶし	四国･関西･九州で使用，うどん，煮物，みそ汁，ラーメンなど，甘味，うま味強い
片口鰯ぶし	東北地方で好まれる，エグ味が特徴だが，甘味，うま味が強く伸びがきく
むろあじぶし	四国と中部で使用が多い，うどんだしに向く，持続する重さと強いうま味が特徴
まぐろぶし	だしの色は淡く，上品な椀物への需要が高い，苦味，エグ味が少なくすっきりした味
あごぶし	西日本で広く使用，九州では雑煮に欠かせない，ラーメンにも使用，クセ少ない
鯛煮干し	上品ですっきりした甘味とうま味，ヒスチジンが低くコハク酸が多い，
さんまぶし	だしは黄色っぽい，クセのある風味，しっかりした味で，みそ汁や煮物，麺類に合う

乾燥したものを用いる．

このような節類の特徴を表 19.28 に示した．

4) 削りぶし

かつおぶし，さばぶし，そうだぶしを蒸して柔らかくし，削り機にかけてうすく削ったもので，厚さ 0.2 mm 以下の物が薄削りである．これは，短時間の煮出しで芳醇なだしがとれる．0.2 mm 以上の削りを厚削りといい，煮だすのにやや時間をかけるが，味の濃いコクのあるだしがとれる．かつお節として生産された約半分が削り節になり，“花かつお”と呼ばれる．削る手間が省けるのでかなりの需要がある．

削りぶしは薄く削っているので，温・湿度や酸素の影響を受け易く，褐変や風味劣化を防ぐために，ほとんどの削りぶしが「不活性ガス充填気密容器入り包装」になっている．

削りぶしについては平成27年5月改正された削りぶしの日本農林規格がある．これには，適用範囲（かつお削ぶしやさば削りぶしなど），用語の定義（削りぶしなど），規格（性状，水分，エキス分，粉末含有率，原材料，添加物，内容量），測定方法（水分，エキスなど）などから成り立っている．

19.9.2 煮 干 し

煮干しは魚介類を煮熟後，天日または乾燥機を用いて干したものである．煮干しの中で量的に最も多いのはカタクチイワシからつくる煮干しイワシで，イカナゴの煮干しがこれに続き，その他エビ，アワビ，貝柱，ナマコなどがあるが量的には極めて少ない．

煮干しイワシは主としてカタクチイワシが原料とされ，小型のマイワシも用いられる．大きな煮釜にうすい食塩水を入れて沸騰させ，水洗した原料をせいろうに入れ，せいろうごと釜に入れて，再び沸騰が始まるまで煮熟する．釜に水を加えて表面に浮いた油とかすを洗い流してからせいろうを上げると製品の艶がよくなるといわれている．煮あげたイワシはせいろうに入れたまま天日乾燥し，2～3日で乾燥が終わる．煮干しイワシは普通だしをとるのに用いられるが，大型のものは削りぶし原料としても使用される．煮干しイワシは油が少なく，銀白色に輝き，腹が切れず，頭，尾がついたものが良品とされる．煮干しイワシは油焼けを生じやすいので，製品としては油焼けや カビの発生していないものが良い．

煮干しイワシは全国各地で生産されているが，北海道，東北地方では割合に少ないようである．これは昭和30年代の最盛期には10万t生産されたが，その後の食生活の変化に伴い現在は4万t程度といわれている．

煮干しイカナゴはイカナゴを原料とし，製法は煮干しイワシの場合とほぼ同様である．

これらの煮干しをだしに使う主な理由は，その含有するイノシン酸のうま味を利用するためである．

煮干しだしの取り方は，①煮干しの頭と内臓を取り除く，②煮干しを30分ほど浸漬させる，③鍋を火にかけ，沸騰したら火を弱め，アクを取りながら5分ほど煮だす，④煮だし汁をこす，⑤煮だし汁の出来上がりとなる．だしをとる場合，煮干しの場合は水から加熱してもさしつかえないが，だしをとり終わったら，かすをとり除いておくことが望ましい．

19.9.3　だしコンブ

日本の食文化の歴史で，コンブに関する記述は奈良時代の「続日本紀（715年）」に「蝦布（えびすめ）」を朝廷に献上したとの記述がある．蝦布は昆布と理解される．コンブがだしとして活躍するのは鎌倉時代で，精進料理として使いやすいだし原料となった．そして，江戸時代の北前船で各地に広まった．

1)　コンブの種類と特徴

コンブは主に北海道でとられ，われわれはその干したものを利用することが多い．コンブには種類が多く，表19.29のような種類と特徴がある．

干しコンブは黒みを帯びて，艶のあるものがよく，黄みがかり，艶のないものは良品とはいい難い．コンブは採取後，乾燥させた

表 19.29 コンブの種類と特徴

種類	主な産地	特 徴	主な用途
リシリコンブ	北海道宗谷岬他	繊維質固い，濁らない	高級だしコンブ他
マコンブ	津軽海峡他	繊維質柔らかい，濁らない	佃煮，高級だし，供え物他
オニコンブ	知床半島他	柔らかい，少し濁る，だし濃厚	煮物等合わせだし，つゆ
ミツイシコンブ	襟裳岬，日高	肉厚，柔らかい，磯の匂い強い	煮昆布，昆布巻き
ナガコンブ	釧路，根室	収穫量多い，柔らかい	業務用佃煮，昆布巻き
ガゴメ	函館，道南	表面でこぼこ，粘質に富む	おぼろ・とろろ・刻み昆布

後，「蔵囲い」といって，積み重ねて熟成させる．料亭などで使われるリシリコンブは1年以上寝かせた囲いコンブである．

コンブのうま味成分は主としてグルタミン酸で，その他，マンニット，アスパラギン酸なども含まれる．コンブの多糖類はアルギン酸で，アルギン酸ソーダの水溶液は粘度が大きいためにアイスクリーム，ジャム，トマトケチャップなどの増粘剤となっている．このアルギン酸は水を抱える能力が高く，保湿性があり，高齢者の介護において口腔内の乾燥を防ぎ，唾液分泌を促進し，誤嚥を防止するなどの効果も認められている．また，コンブは特有の香りを持っていて，それが好まれるが，この香りはあまり強いと嫌われる．

2） コンブだしの取り方

コンブのだし汁を取るときにはうま味成分を充分に浸出させることが必要であるが，強いコンブ臭や粘質物が多く浸出することは汁の風味を著しく低下させるので，だし汁の取り方が問題になる．コンブだし汁の取り方は熱を加える場合（煮出し法）と加えない場合（水出し法）があり，それらの条件については以下のような検討結果が得られている．この場合，水温 20℃，水 800 mL に対し 15 g (12 cm^2) のコンブを用いている．

① 水浸 30 分〜1 時間ではコンブ臭がなく，うま味多く，甘味もあって美味である．
② 水浸 2〜4 時間ではコンブ臭が強く，うま味は多いが，味がくどく粘りが多い．
③ 水から入れ沸騰まで 8 分加熱したものはコンブ臭がかなりあり，粘りが多く，味がくどい．
④ 80℃で入れ沸騰まで加熱 3 分のものはコンブ臭がほとんどなく淡白であるが，甘味があって美味である．
⑤ 沸騰中に入れ，直ちに火から下ろして 1 分おいたものは味が淡くうま味が少ない．また粘りもなく，コンブ臭もほとんどない．

以上は水温が 20℃の場合の実験であるが，コンブの種類や使用量，水温などによって，浸出の最適時間は変わってくるので，一般の調理書には，冬は 3 時間，夏は 1 時間浸せきの水だしが良いというのが多く，加熱するときは沸騰直前に入れて数分間で沸騰させた後引き上げるのがよいとされている．ただし，これらの条件は嗜好の差や調理の目的によって異なることはいうまでもない．

コンブは単独に用いることは少なく，かつおぶしと併用して「合せだし」とすることが多い．実に動物性のうま味の濃いものを用いるときは，かつおぶしの量を減らし，コンブの量を多く用いるようにする．だし汁のとり方はまずコンブのだし汁をとって，コンブを引き上げた後，沸騰しているところへかつおぶしを加える．コンブとかつおだしの併用は前述のように（81 ページ），そのなかに含まれるグルタミン酸とイノシン酸の相乗効果を利用するものである.

19.9.4　シイタケ

シイタケの食用が文献的に見い出されるのは, 鎌倉時代の道元禅師が1237年に書かれた「典座教訓」が最初とされ, 乾シイタケが精進だしに利用されていた模様である. 明確な乾シイタケの記述は約200年後の室町末期である.

1)　シイタケの呈味成分

シイタケの呈味成分は, 糖および糖アルコール, 有機酸, 遊離アミノ酸, 5′-グアニル酸などがある. 糖アルコールは乾シイタケ100 gあたり, アラビニトール3.3 g, マンニトール4.5 g, トレハロース6.7 g含まれている報告がある. 有機酸はリンゴ酸, ピログルタミン酸, フマール酸, クエン酸などが総量1.2 g/100gであり, アミノ酸はグルタミン, グルタミン酸, アラニン, オルニチン, グリシン, バリン, フェニルアラニンなどが1～3 g/100g程度含まれている.

シイタケは60～70℃の微酸性の水で煮出すとうま味が増すことが経験的に知られている. このシイタケのだし中に含まれるうま味の主成分がグアニル酸であることがわかったのは昭和35年頃のことである.

このグアニル酸は乾シイタケ1 gあたりから1～2 mg煮出すことができる. うま味成分のグアニル酸は, 生シイタケや乾シイタケそのものには遊離の型としてはわずかしか含まれていないで, 大部分がリボ核酸の構成成分として存在している. リボ核酸からのリボヌクレアーゼの作用でグアニル酸が生成するが, この酵素は比較的熱に安定なので, 60～70℃で煮出すという調理上の経験は科学的にも裏付けされたものといえよう. シイタケには脱リン酸酵素のホスファーゼが含まれるが，これは60℃前後で失活するため，5′-グアニル酸が残存する．

シイタケは精進料理や中華料理に欠かせぬ材料である．シイタケのだしはコンブのだしと併用されることが多い．これも，前述のコンブのグルタミン酸とシイタケのグアニル酸とのうま味の相乗効果を利用したものである．

2） シイタケの香気成分

乾シイタケは水に漬けやわらかく戻してから用いるが，この際，うま味とともに香りも強まることはよく経験するところである．乾シイタケや生シイタケはこれをそのまま嗅いだときには，キノコに共通ないわゆる“カビくさい”においで，独特のシイタケのにおいは感じられない．乾シイタケは水に漬けておいて初めて，あの特徴あるにおいが生成する．生シイタケでもこれをすりつぶしてしばらくすると香りが強くなってくる．

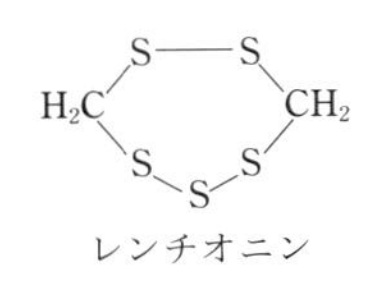

レンチオニン

シイタケの特徴あるにおい成分は，図のような硫黄を含んだ環状化合物であることが明らかにされ，シイタケの学名にちなんで，レンチオニンと名付けられている．

レンチオニンは，すまし汁や茶わんむしなどにわずか2〜3ppm加えるだけでシイタケの香りがする．レンチオニンは酸性ペプチド，レンチニン酸から生成すると考えられている．

レンチニン酸はグルタミン酸とシステインの複雑な誘導体がペプチド結合したもので，シイタケを水につけたときに，シイタケの香気が強くなると，レンチニン酸の量が少なくなることが知られている．レンチオニンを生成するには，レンチニン酸からグルタミン酸を切り離すものと，これが離れて生じたシステイン誘導体に作用してレンチオニンを生成する2種類の酵素が必要である．

19.9.5 チキンのエキス

牛，豚，鶏の肉も洋風だしの原料として用いられる．鶏肉や鶏がらは洋風のフォン・ド・ヴォライユ，チキンブイヨン，中華の毛湯（まおたん），清湯（ちんたん）や，和風の鶏だしの原料として使用される．ここでは，鶏肉，鶏がらのだしについて解説する．

1） 鶏肉の風味の成分とその前駆物質

チキンブロスには，アミノ酸，有機酸，核酸関連物質などの水溶性成分と脂質，揮発性物質が含まれているが，鶏の“だし”としての特徴は主に，揮発性のいわゆるフレーバー成分によって形成されているようである．

加熱した鶏肉のフレーバーは，窒素化合物，硫黄化合物，カルボニル化合物より構成されていることは以前より報告されていた（表19.30）．硫黄化合物は“meaty”，カルボニル化合物は“chicken”なフレーバーを形成する成分として，鶏肉フレーバーの発現に重要

表 19.30 鶏肉の主要揮発成分

タイプ	同定されたもの
含硫化合物	
n-Alkylthiol（RSH）	R＝C_3H_7
sym-*n*-Alkyl sulfide（RSR）	R＝CH_3，C_2H_5，C_3H_7
unsym-*n*-Alkyl sulfide（RSR′）	Ethyl-*n*-propyl
Alkyl disulfide（RSSR）	R＝CH_3，C_2H_5
カルボニル化合物	
n-Alkanal	$C_{2,4,5,6,7,8}$
n-Alken-2-al	$C_{7,8,9}$
n-Alka-2,4-dienal	$C_{7,10}$
Dicarbonyl	Diacetyl
Keto-alcohol	Acetoin
n-Alka-2-one	$C_{4,5,7}$
アミノ化合物	
Amines	Methylamine，Ethanolamine

な役割を果たしているといわれている．

Nonakaらは鶏肉フレーバーのガスクロマトグラムに，227の成分を検知した．そして保持時間60分以内のピークより62種の物質を同定している．

鶏肉フレーバーの前駆物質としては，タンパク，アミノ酸，糖，ヌクレオチド（特にイノシン酸およびイノシン）などの水溶性成分が関与していると推定されている．硫黄化合物の前駆物質としては，メチオニン，シスチン，システイン，タウリン，グルタチオンなどが考えられる．ビオチン，チアミンもまたその可能性がある．しかし，いずれも前駆物質とする直接的証明はなされていない．

カルボニル化合物の中では，2,4-デカジエナールはリノール酸に由来することは間違いないようである．その他の低級カルボニル化合物は，アミノ酸のストレッカー分解*，あるいは糖とのメイラード反応**が生成機構として推定されているが，他の水溶性成分との相互関係については不明である．

脂質のフレーバーに対する役割であるが，生鶏肉より分離した脂肪は，加熱しても鶏肉の香気を発生しないので，脂質の役割は，主として他の成分の反応によって生成したフレーバー成分を溶解，保留する作用にあるといわれている．

2)　鶏のだし汁の風味

チキンフレーバーと一言でいっても，原料の部位，すなわち，肉，骨髄，皮，蓄積脂肪の間にはかなりの相違がある．またこれを料理の“だし”として捉える場合には，さらに加熱法，さらには香

---

* ストレッカー分解：α-アミノ酸が1,2-ジケトンと反応して二酸化炭素とアンモニアを放って，アルデヒドまたはケトンに分解する反応．

** メイラード反応：アミノカルボニル反応，アミノ酸と還元糖との混合水溶液を加熱するときに生じる褐変現象．各種の風味成分が生成する．

辛料などの副材料の相違によって起こる影響などを包含して，チキンのフレーバーとして評価されがちである．

料理書によれば，中華，洋風料理では老鶏の肉，骨髄が一般にはスープストックの原料として使用されているが，骨髄に肉を併用した方が高級とされる．

とりガラのスープストックでは，中華料理の場合は直接煮出すが，洋風料理の場合は，とりガラをオーブンでばい焼してから煮出す例が多い．ばい焼によって焦げた香りが付与され，生臭い感は弱まる．

通常スープストックには香辛料，野菜が加えられるが，これらの種類によって，スープストックのタイプが決定されるようで，これらも重要な因子と考えられる．洋風スープではネギ，ニンジン，セロリなどが，中華スープではネギ，ショウガなどが添加されている．

近年では，チキンだしは，鶏がらや内臓を抜いた丸どり（肉とがらを含む）を原料として，野菜エキスなどと一緒に煮だしたものが，チキンエキス調味料として広く普及している．これらは，チキンブイヨン，ラーメンスープ，中華だしや中華総菜，鍋物の素などの合わせ調味料などの原料として広く利用されている．

19.10　だしの素類（風味調味料）

19.10.1　風味調味料とは

だしの素類は風味調味料とも呼ばれ，和風だし，洋風だし，中華だしがある．かつおぶしや肉エキスなどの天然材料に食塩，砂糖，うま味調味料，アミノ酸などを配合した調味料である．うま味調味料は味だけであるが，風味調味料はだしの香り，風味を具備してお

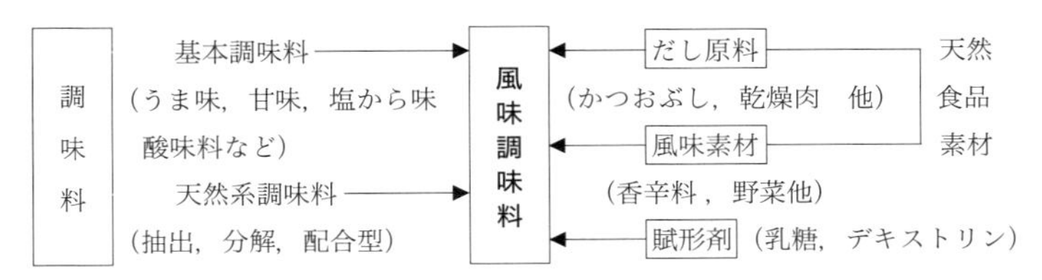

図 19.2　風味調味料

り，一般に簡便で使い良くなっている．

この風味調味料は昭和 39 年に発売された「味噌のだし」が最初とされているが，その後食生活の変化と簡便性により，かつおなどの和風だしを始め，洋風，中華風のだし，すなわち風味調味料が開発されている．

風味調味料は図 19.2 のように位置づけされている．すなわち，風味調味料は基本味をつけるうま味調味料などの基本調味料，単味は弱いが味のベースを増強する天然系調味料など既存の調味料とだし素材の接点に位置している．

風味調味料の機能は，i）香り，風味の付与，ii）うま味の付与，iii）コク味の付与，にある．その特徴は簡便性である．風味調味料の製品形態は，粉末，顆粒，液体，ペーストなど多様化しており，風味の強さと使いやすさがポイントになっている．天然だしを用いて，だしをとるとなると，早いものでも数分から 30 分，とりガラなどを用いてスープストックや湯（タン）をつくるとすれば 2～3 時間の加熱操作が必要であり，上手にだしをとるには豊かな経験と細心の注意が必要である．しかし，一般に風味調味料を用いれば 1～2 分の作業でだし関係の仕事は終わってしまう．

風味調味料はその素材の特徴を構成する香気成分を充分に含み，また，変敗臭，生臭さなどが少なく，うま味，コク，複雑感などのバランスのよいものが良品とされる．

19.10.2 和風の風味調味料（和風だし）

和風の風味調味料については，昭和 50 年に制定された日本農林規格（JAS）があり，最終改正は平成 27 年である．これには，風味調味料の定義，規格に加えて各種測定方法が記載されている．表示事項については食品表示法の食品表示基準に定められている．風味調味料の JAS における用語の定義は下記のとおりである．

1） 風味調味料：調味料（アミノ酸等）及び風味原料に砂糖類，食塩等（香辛料を除く．）を加え，乾燥し，粉末状，顆粒状等にしたものであって，調理の際風味原料の香り及び味を付与するものをいう．

2） 風味原料：節類（かつおぶし等），煮干魚類，こんぶ，貝柱，乾しいたけ等の粉末又は抽出物をいう．

例えば，和風風味調味料の「かつおだし」の場合に使用される原材料は，かつおぶし粉末，かつおエキスなどの風味原料に，MSG，イノシン酸ナトリウム，酵母エキスなどの調味料，食塩，砂糖，賦形剤のデキストリン，乳糖などである．

和風だしの一般的な用途は，みそ汁，豚汁などの汁物，麺や天ぷらのつゆ，野菜，魚などの煮物，玉子料理，鍋物，親子丼などのご飯もの，おにぎり，おひたしなどの多くの和風料理のだしである．

19.10.3 洋風の風味調味料（洋風だし）

西洋料理の味はソースが決め手になるとよく言われる．フランス料理ではだしはフォン（fond）とブイヨン（bouillon）に分けられる．英語ではブロス（broth）とストック（stock）である．

フォンはフォン・ド・ヴォー，フォン・ド・ヴォライユなどのソースや煮込み料理用のだし汁であり，ブイヨンはコンソメスープなどの素汁である．

これらのだしは，獣鶏肉，魚介類，香辛野菜，ねぎ，にんじん，セロリ，パセリなどを煮だして作る．これを先の図 19.2 に示したように，使いやすい粉末，顆粒，キューブ，ペーストなどに仕上げたものが洋風の風味調味料である．また，濃縮，乾燥等による風味の変化を極力抑えた冷凍のだしの素も開発されている．これらの洋風だしの素は，家庭用，ホテル，レストランなどの外食産業等向けの業務用があり，スープを始めデミグラスソースなどのソース，パスタ，ピラフ，ハンバーグなどの各種西洋料理に使用されている．

乾燥スープの日本農林規格（JAS）が昭和 50 年に制定され，平成 27 年に最終改訂されている．これには，乾燥スープと乾燥コンソメ，乾燥ポタージュ，その他の乾燥スープの定義や規格が記載されている．

19.10.4　中華風の風味調味料（中華だし）

中華料理におけるだしは，湯（たん）と呼ばれ，老母鶏（ラオムウチィ）や豚赤身肉などの肉やネギ，ショウガなどと煮込んで作られる．それらは，原料や品質，透明度などから頂湯（ディンタン），上湯（シアンタン），毛湯（マオタン），清湯（チンタン），白湯（パイタン），奶湯（ナイタン）などと呼ばれる．

中華だしについても，豚骨，鶏がらや香辛野菜類を原料に抽出したエキスにうま味調味料や風味を含む油脂類，食塩などを加えて，粉末，顆粒，ペースト状の使いやすい調味料となっている．これらは，中華だしの素，鶏がらスープの素などの名称で家庭用，業務用として販売されている．

日本国内の家庭における中華料理は，はじめはチャーハン，野菜炒めから始まり，マーボ豆腐，八宝菜などの日本風に作られるようになり，これらの中華だしの需要が高まっている．また，ラーメンのスープとしても中華だしは業務用で広く使用されている.

19.11 ソース類

外国では, 液状の調味料を総称してソースという.

辞書によると,「そ菜, 果実や各種香辛料の浸出液に魚, 獣の肉汁, 砂糖, 食塩, しょうゆ, 酢, 化学調味料などを混ぜたもの」となっている.

その原料や製法は, 多種多様で, 元来, ソースの製造は家庭料理から出発したもので, 天然食品の風味の足りないところを補い, さらに風味を増強する目的で考案されたものであるから, その種類は, 数百種にも及ぶものと思われる.

ソースには, トンカツソース, トマトケチャップ, チリソース, ウスターソースなど, 数多くのものがあるが, このほか, マヨネーズやフレンチドレッシングなどのドレッシング類もこの中に入る.

その他, たれ, つゆ, 中華調味料などについてもこの項に含めた.

1) ウスターソース (Worcester sauce)

日本でソースといえば, ウスターソースだと考えている人が大部分で, それほど日本人にこのソースが普及している. このソースは, 今から約 140 年前にイギリスのウォースターシャー (Worcestershire) 地方で作られたので, この名がある.

日本では, どの料理にも頓着なくこのソースをかけて食べる人が多いが, 最近では, 料理を味わう前にこのソースをかけるのは, 料理を作った人に対して失礼であることがようやく認識されてきたようである.

ウスターソース類は, JAS 規格によってウスターソース (粘度が 0.2 Pa･s 未満），中濃ソース（0.2 Pa･s 以上 2.0 Pa･s 未満），濃厚ソース（2.0 Pa･s 以上）と粘度の差によって分類されている．その他，お好みソースや焼きそばソースもあり，日本独特のソースとして活用されている．

2) ケチャップ（ketchup）

日本では，ケチャップといえばトマトケチャップを指す．他のケチャップもあるが，普通，トマトケチャップしか知らない人が大部分である．

これは，トマトなどを煮て裏漉（うらご）ししたものを濃縮し，香辛料や食塩，食酢，砂糖類やねぎ，にんにくなどを加えて作る．トマトケチャップは，ホットドッグ，オムレツ，ハンバーガー，フライドポテトなどに使われる．

チリソースなどは，簡単にいえば，トマトケチャップにチリの粉を加えた辛いトマトケチャップと考えられえている．

タバスコソースは，アカトウガラシを利用した辛味の強いソースである．

3) バーベキューソース（barbecue sauce）

最近，バーベキューソースが日本にも流行してきたので，主にしょうゆ会社がこれのためのソースを“バーベキューソース”という名で売り出した．

主に，しょうゆを原料とし，これに各種の香辛料や調味料，果汁類，サラダ油などを混ぜてあって，日本独特のもので，外国の本来のものとはかなり違ったものである．これは，焼き肉やバーベキューなどの肉類料理の味付けに用いる．最近は，後述の焼き肉のたれに類似するものである．

4) マヨネーズなど（mayonnaise）とドレッシング

マヨネーズは，日本でも極めて広く普及したが，日本での製造の歴史は割合新しく，マヨネーズが多くの家庭で用いられるようになったのは，戦後かなりたってからのことである．

マヨネーズそのものは数世紀前からあって，この語源は，地中海にあるミノルカ島（Minorca I., Isla de Menorca）〔スペイン領〕の首都マオン（Mahon）に由来するといわれ，この島は，鶏とオリーブの産地である．航海中の船員がこの島に立ち寄って，今日われわれがマヨネーズと呼ぶドレッシングを賞味して以来，全世界に広まったといわれる．

フレンチドレッシングは，手軽に作れることから，これを作る家庭はかなり増えている．スペインあたりでは，食卓に酢と油が置いてあって，適宜に調合してふりかけて用いているようである．

日本では，マヨネーズ，ドレッシングなどの調味料に関するドレッシングのJAS規格があり，この中に，ドレッシング，マヨネーズ，分離状ドレッシングなどの定義が定められている．これらは，食用植物油脂と食酢または柑橘類の果汁，食塩，砂糖類，香辛料などを加えて水中油滴型に乳化した調味料で，卵黄又は全卵などを使用した半固形状ドレッシングをマヨネーズと定義している．

また，同時にJASの規格に入らないドレッシングタイプ調味料やノンオイルドレッシングなどが開発・販売されている．

これらのドレッシング類は，健康意識の高まりに伴い野菜をメインとするサラダ料理用の調味料として需要が拡大している．

5） つゆ，たれ

麺つゆ，天つゆなどのつゆは，宗田ぶし，さばぶし，コンブのだし汁に，しょうゆ，みりん，砂糖，うま味調味料などからなる本返しを加えて，加熱したものである．これは，そば，うどんなどのつゆとして，ストレート，2倍濃縮など，家庭用調味料として販売されている．また，そば，うどん店では，各店独自の方法でだしとかえしをつくり，独自の味を売り物にしている．

一方，焼き肉のたれなどのたれ類は，しょうゆ，砂糖，うま味調味料，ゴマ油などと唐辛子，ニンニク，ショウガ，玉ねぎ，すりおろしリンゴなどを加えて，加熱殺菌して作られる．たれ類は，焼き肉をはじめうなぎのかば焼きなどに使用される．

以上のつゆには，かつおぶしエキス，さばぶしエキス，タンパク加水分解物，酵母エキスなどの天然系調味料が使用される．

6)　中華調味料

中華調味料には，マーボーソース，酢豚，棒棒鶏などの中華合わせ調味料，オイスターソースなどの中華基礎調味料がある．

これらの調味料も，鶏がらエキス，豚骨エキス，オニオンエキス，魚介エキスなどエキス調味料，うま味調味料，タンパク加水分解物，香辛料などを原料として作られる．

これらの調味料は，各中華の料理のメニューに合わせた使いやすい形態，粉末，顆粒，液体，ペーストなどと多様化し，包装形態も使いやすく，少人数対応などで需要も拡大している．

19.12　食用油の調味料的な使用法

食用油は食品に利用するとその味に種々の影響を与え，調理の種類によってはその主役を演ずる場合もある．それで，食用油を調味料の一種に加える場合もある．

油脂の調理における大きな機能の一つに，加熱媒体としての機能がある．「煮る」調理では，水の沸点までしか加熱できないが，油脂による「炒め，揚げ」等の調理では，100℃以上の高温での調理が可能である．

油脂調理では，加熱による殺菌に加えて，高温，短時間調理により，栄養分の損失が少なくなる．また，メイラード反応による風味の生成，食感の付与などの特徴がある．なお，英語では，油脂を用いる加熱調理全てを“frying”と呼び，炒めを“pan frying”，揚げを“deep frying”と呼んでいる．しかし，日本語で「フライ」は，パン粉を付けて揚げる調理法の意味で用いることが多い．

1） 炒め調理

炒めにおける油脂の機能は，調理器具から食材への熱伝導と，食材の焦げつき防止であるが，食材に油脂が付着して艶がでることも重要な機能である．

中華料理などでニンニク，ショウガ，長ネギなどの香味野菜を予め油脂で炒め，香味成分を油脂に移行させてから調理に用いるなど，香ばしい風味の付与に役立つ．

炒め物には一般にサラダ油が使用されるが，天ぷら油を使用する場合もある．ラードは中華料理には不可欠なものである．西洋料理にはバターもかなり用いられる．この場合バターの味とにおいが利用される．ただし，バターを最初から炒め物に使用することは少なく，サラダ油を用いて炒め，最後にバターの風味を生かすために加えるのが一般的である．

一般家庭や業務用の場合に，揚げ物に長く用いて泡立ちの著しくなった油，いわゆる疲れた油を捨てずに炒め物に用いる例があるが，風味上も好ましくなく，また栄養上も劣化油の毒性の問題があって，できれば使用を避けたいものである．

炒め物に用いる油の適量は，だいたい望みの炒めの程度に達したときに残油のない状態といわれており，一般的には食品の5〜10％が適量とされている．

炒め物の際には，油は薄膜の状態でかなり高い温度で加熱される．したがって，揚げ物の場合に比べて，短時間であるが，油の劣化はかなり速く進行する．

2)　揚げおよびフライ調理

揚げ調理には，①食材をそのまま揚げる素揚げ，②小麦粉やでんぷんの乾物をまぶして揚げる唐(から)揚げ，③小麦粉，バッターなど，濃い流動状のものをつけて揚げる衣揚げがある．素揚げと唐揚げは，揚げ調理により食材の食感を大きく変化させるが，衣揚げは，食材本来の味を生かしながら独特の香りと食感を付与させる．

揚げ調理によって，食材の水分が急激に減少し，代わりに，油が水の抜けた空隙に吸着する．同時に，でんぷんがアルファ化し，タンパクが変性し，風味，食感が付与される．揚げ調理では，食材や衣の脱水と給油が重要で，この調節のために油の温度管理と時間管理が重要である．

おいしい天ぷらを揚げるには，揚げ鍋にたっぷりと油を入れ，一度に多くの揚げ種を入れないことで，油の温度低下を防ぎ，揚げ種の水分を素早く蒸発させ，素材をジューシーに保つことである．

表 19.31　主な植物油と揚げ物の特徴

植物油の種類	風味の特徴	揚げ物との相性
菜種油	あっさりした味	フライ全般（あっさり味に仕上げたいもの）
大豆油	独特のうま味とコクがある	フライ全般（特に天ぷら）
コーン油	香ばしい香り	とんかつ，フライ全般（パン粉使用揚げ物）
綿実油	まろやかなうま味	ドーナツ類，天ぷら
パーム油	風味淡白，カラッとしている	ファーストフード類，スナック類
ゴマ油(焙煎油)	特有の香ばしさ	天ぷら（風味付け）
米油	独特のコクがある	米菓

表 19.31 に主な植物油と揚げ物の特徴についてまとめた．これらの揚げ油は，その目的に応じて，一定の割合で混合して使われる場合が多い．

3)　和え調理

ゴマ和えやドレッシングやマヨネーズ調理は，和え調理に該当する．油成分はクリーミー性の付与と酢や香辛料の鋭角的な風味をマイルドにし，しかも持続性を高める作用を示す．

また，マリネや油漬も，和え料理の一種といえるもので，食感と風味の改良に有効である．

4)　食用油の調味料的な使用法

i) サラダ油，オリーブ油，ゴマ油

食用油は前述のサラダ油や，天ぷら油としてサラダや揚げ物などの本来の用途以外に，調味料として使われることが少なくない．

スペインやポルトガルなどではオリーブ油が広く用いられ，われわれがしょうゆを種々の料理にかけるような調子で，オリーブ油を種々の料理に使用する．また欧米では食用油とならんで，バターやマーガリンが調味料的に使われる．炒め物には一般にサラダ油が使用されるが，バターはその風味を生かすために，調理の終わり頃に添加することは前にも述べたとおりである．

日本料理でこのような意味で使われるのはゴマ油である．酢のものをはじめ，ゴマ油は種々の料理にその独特な風味を生かすために少量ながら広く使用される．ただし，東洋人に好まれるゴマ油のにおいも，欧米人のなかには好まない人もいるようであるから，調理の際に注意を要する．

ii) アラキドン酸含有植物油

肉類を揚げた植物油で，揚げ物を作るとおいしい，また，植物油にラード（動物油）を混ぜるとおいしい揚げ物ができることは，経験的に知られていた．このおいしさの原因は，植物油に含まれていないアラキドン酸の作用によることが明らかにされた．

アラキドン酸は，ω 6,20:4, $\Delta^{5,8,11,14}$ で表される多価不飽和脂肪酸で，必須脂肪酸の一つである．この脂肪酸は，動物生体内に含まれ，植物性油脂には含まれていない．

植物油にアラキドン酸を 0.1〜0.8%程度添加したものによるフライ試験の結果，味の濃厚さ，うま味，後味など全体のおいしさが有意に向上することが認められた．

アラキドン酸による味覚増強効果の機構は，口腔内での脂肪酸結合タンパクの発現が関与していると推定されている．そして，アラキドン酸の発酵法による製造技術も開発されて，アラキドン酸添加植物油が実用化されている．

iii）香味油

香味油は，シーズニングオイル，風味油，調味油とも呼ばれる．油にネギ，ニンニクなどを加えて加熱した油，エキス抽出過程で生成する風味を含んだ油脂である．油脂の香気性成分を溶解保持する作用を活用したものであり，各種の香味油が開発され，使用されている．ラー油（辣油，ラーヨウ）は，唐辛子などの辛味の強い香辛料を植物性の食用油の中で加熱してカプサイシンなどの辛味成分を抽出した調味料で，中華料理，特にギョーザなどの調味料，薬味として用いられる．その他，同様にガーリックオイル，ねぎ油などがある．

シーズニングオイルは，エキスの製造時に，香辛野菜を加えて加熱抽出し，分離される油脂区分を分離，精製して製造される．この加熱抽出工程で，生成した香気成分が油脂に移行して保持される．このシーズニングオイル（香味油）には，畜肉系，水産系など各種の香味油があり，パスタ，炒め料理，ラーメン，ガーリックライス，ドレッシング，スナックなどの風味付けに使用される．

文 献

1) 下田，松元ら編，“新調理科学講座”，‘第6巻（調味料，嗜好品）’，朝倉書店 (1973)
2) 中野政弘編，“発酵食品”，光琳書院（1967）
3) 有吉安男，“味と化学構造”，化学と生物，**12**，189，274，340 (1974)
4) 森田日出男，田辺脩，“みりんと調理”，調理科学，**3**，135 (1970)
5) 太田静行，“うま味調味料の知識”，p.119，幸書房（1992）
6) 岩田直樹，近藤正，“風味調味料の特質”，食品と科学，**14**(3), 120 (1972)
7) 太田静行，“調味料，最近の動向”，食品と科学，**16**(5), 52 (1974)
8) 太田静行，“食用油脂”，p.90 m，学建書院（1974）
9) 岩間保憲，“食品添加物としての酸味料”，月刊フードケミカル，**72**(6), (2015)
10) 伊藤汎，小林幹彦，早川幸男編著，“食品と甘味料”，‘第2章（甘味料の種類と特徴）’，p.52，光琳（2008）
11) 石田賢吾，“天然調味料の定義”，‘天然調味料総覧’，p.8，（別冊フードケミカル），食品化学新聞社（2005）
12) 熊倉功夫，伏木亨監修，“だしとは何か”，p.60，‘日本のだし’，アイ・ケイコーポレーション（2012）
13) 斎藤司ら，“かつお節の香りに関する重要成分”，日本食品科学工学会誌，**61**(11), 519 (2014)
14) 鈴木修武，“大量調理における食用油の使い方”，p.102，幸書房（2010）
15) 山口　進，“「アラキドン酸」による食品の美味しさ向上効果”，日本調理科学会誌，**44**(5), 317 (2001)

20. 香 辛 料

香辛料は英語のスパイス（spice）である．欧米ではspiceとcondimentどちらも同じ意味に使われている．スパイスというと洋風で近代的な感じを持つ人が多いが，日本でも古くから薬味と呼んで，種々用いられており，別に洋風料理に限ったものではない．

“納豆とカラシ”，“さしみにワサビ”，“サバ煮にショウガ”など，日本の庶民の食物と香辛料の代表的な組合せである．しかし，日本的な香辛料というと，カラシ，ワサビ，ショウガ，トウガラシ，サンショウなどで，残念ながら，その種類は多いとはいえない．日本人は新鮮な食物に恵まれたせいや，肉食が少なかったこともあり，だしのとり方などにはうるさい代りに，香辛料の使い方はあまりうまいとはいえない．

しかし，日本の食生活も少しずつ変化している．洋風化がその一つである．肉類を食べる量が増えている．味付けも従来の“しおからい”だけのものから複雑なものに移りつつある．

狩猟民族は元来肉を常食としていたものであるが，この肉の保存のために多大な努力が重ねられた．乾燥，塩蔵，くん製などはその一つである．獲物としての野生の獣や鳥の嫌なにおいを消したり，塩蔵肉の腐敗を防ぐためには，香辛料はこの上ない必需品であり，冷凍や冷蔵の方法があまり一般的でなかった古い時代には，香辛料の必要性は現代を上まわるものであったに違いない．

ギリシャ・ローマ時代，貴族が最もあこがれを抱いたのは東方の絹とコショウとチョウジ（丁子）であったといわれている．インドのコショウと東インド諸島，モルッカのチョウジをローマに運ぶためには大変な距離と暴風雨，海賊，アラビアの砂漠など多くの危険がある．当時ローマにおけるコショウの値段は金のそれと同等であった．中世末期にオスマントルコが東西の要路を遮断してからその対策として，バスコ・ダ・ガマが喜望峰を周航する東方航路を発見し，またコロンブスがアメリカ大陸を発見することになったが，これらはすべて東方の香辛料が主な原因であったとされている．

現代でも，一般に熱帯地方の人々，例えばインド，パキスタン，インドネシア，コロンビアなどの中南米諸国の人々は辛い食事をとっている．これらの国々では，暑さ負けをしないため生理的欲求から香辛料の多いものを食べるのだと考えられている．しかし，実際は，これらの国では暑い天候のために物が腐りやすく，貧困のゆえにその腐りかけたものでもにおいを消しておいしく食べるためであった．幸いこれらの地方では香辛料植物が多いので，温帯地方の人々よりも量的に多くの香辛料を使うのであって，この先人たちの知恵が今日まで続いているものと思われる．

20.1 香辛料の種類

香辛料はレモン，ユズ，サンショウ，タマネギ，パセリ，セロリなどのように生のままで使われるものもあるが，乾燥品をそのまま，またはひきわり，あるいは粉末化したりして一般の料理や加工食品に使われることが多い．

香辛料はハーブ，シード，狭義のスパイスに区分される．

ハーブ類は“香草”と呼ばれ，香りの高い苦っぽい草の葉で，古来，肉のにおい消しや防腐のために使われた．セージ，タイム，ベイリーフ，オレガノ，マジョラムなど，主として鳥，魚の料理および，においの強い肉（マトン，鯨肉，家禽など）に使われる．

シード類は“種子”である．日本でもサンショウやケシなど香りの高い種子類があり，今日ではセロリ，アニス，キャラウェー，フェンネル，カルダモンのシードなど芳香に富むシードが種々の広い用途に使われる．

狭義のスパイスは広義のスパイスから上述のハーブとシードを除いたもので，ナツメグ，ジンジャー，クローブ，ペパー，ガーリック，シナモンなどがこれに当たる．

その他，数種以上の香辛料を混ぜたもの，例えば七味トウガラシ

表 20.1　洋風と和風スパイス

	洋風スパイス	和風スパイス
シソ科	バジル，マジョラム，ミント，タイム，セージ，オレガノ，ローズマリー	青ジソ，赤ジソ，和薄荷（日本ハッカ）
セリ科	パセリ，アニス，キャラウエイ，ディル，セロリ，フェネル，クミン，アジョワン	パセリ，セリ，三つ葉
アブラナ科	マスタード，ガーデンクレス，クレソン，ホースラディッシュ	カラシ，ワサビ，大根，クレソン
ユリ科	オニオン，ガーリック，リーキ，エシャロット，チャイブ，サフラン	玉ネギ，ニンニク，ネギ，ワケギ，アサツキ，ラッキョウ，ニラ，山百合
ナス科	レッドペパー，パプリカ	唐辛子，甘唐辛子（ピーマン）
ショウガ科	ジンジャー，ターメリック，カルダモン	ショウガ，ミョウガ，ウコン
キク科	タラゴン，ウォームウッド，ダンデリオン	ヨモギ，フキ，タンポポ，春菊，菊
タデ科	オゼイユ，ルバーブ	スカンポ，タデ
樹木 その他	オールスパイス，クローブ，シナモン，ナツメグ，メース，バニラ，ローレル，ペパー	サンショウ，ユズ タデ

やカレーなどが市販されており，食塩を加えた混合調味料（シーズニングミックスと呼ばれるもの），例えばガーリックソルトなども主として卓上で利用されている．

香辛料を使う場合に，ホールとグラウンドと形状で区別する．ホールのスパイスは原形のまま使用するもので，主に煮込み料理（スープ，シチューなど），漬物（ピクルスなど）に用いる．グラウンドのスパイスはホールのスパイスをひいたもので，粉末で，調理中や仕上げに使われる．

表 20.1 に洋風と和風スパイスの一覧表を示した．

20.2　種々の香辛料

1）アニスシード　anisseed

セリ科の Pimpinella anisum（アニス）の乾葉で，2～5 mm のイネの籾を褐色にしたような外観である．カンゾウに似た独特の芳香と多少の甘味がある．果柄がついているので，砕いて使用する．パン，ビスケットにふりかけたり，スープやピクルスなどに入れる．

2）オールスパイス　allspice（百味胡椒）

フトモモ科の常緑樹の豆粒状の果実を未熟のまま乾燥したもので，主にジャマイカが産地である．クロコショウに形が似ているが，コショウのような辛味はない．ナツメグ，シナモン，クローブの三つの香りを兼ね備えているのでオールスパイスの名がつけられたらしい．使い方はしたがって，ナツメグ，シナモン，クローブを使う場合と同様である．コショウに似た爽やかな刺激とナツメグ的な甘い感じを持つ．シチュー，スープ，ソース，マリネなどにはホールをそのまま入れ，肉，ケーキ，クッキーなどには粉末を用いる．ケーキ類には材料にねり込み，果汁や果物系のものにはふりかける．

3）　オレガノ　oregano（ハナハッカ）

シソ科のOriganum vulgareの葉を乾燥したもので，淡緑色をしている．ショウノウのような香気と上品なほろ苦さを持っており，肉や魚のくさみを消し，料理に複雑なコクを与える．オレガノは，特にチリパウダーの中に配合される．ピザに使われ，またトマト料理にも多く用いられる．ホールは布の小袋に入れて使うか，砕いてから使用する．

4）　ガーリック　garlic（ニンニク）

ニンニクはユリ科に属し，学名はAllium sativumである．ガーリックパウダーはニンニクの鱗茎（りんけい）を乾燥して粉にしたものである．強烈なにおいと辛味を持ち，食欲を増進し，精力剤としても知られている．中華料理，フランス料理，イタリア料理など極めて多くの料理に使われる．バーベキュー，ジンギスカン料理，焼肉，シチュー，各種スープ，ドレッシング，ピクルスなど極めて用途が広い．

5）　カルダモン　cardamon（ショウズク）

ショウガ科のElettaria cardamomumの種子である．インド，グアテマラなどに産する．ショウノウに似た独特の芳香を持ち，味は辛くやや苦い．微量で充分にアクセントがつくので，適量を超えると口腔清涼剤的な薬品臭が目立つようになる．デミタスコーヒーのフレーバーとして，デンマーク風のパイ，パン，コーヒー，ケーキに用いる．グレープゼリー，冷やしメロンにもよく合う．その他，カレー，ソース，ドレッシング，ピクルス，魚料理，肉料理と用途が広い．

6）　キャラウェー　caraway（ヒメウイキョウ）

セリ科のCarum carviの実を乾燥させたもので，5mm程度の弧状に曲った細長い褐色のものである．爽快な芳香を持ち，やや刺激のある味を持っている．ライブレッドやキャラウェーチーズに使われているものである．焼き菓子やパン菓子に添加してその風味をよくし，チーズ料理によく合う．ピクルスにも適当で，ザウェルクラウトに必須である．普通ホールのままで用いる．

7) クローブ clove（チョウジ）

熱帯産の常緑樹 Eugenia caryophyllata の花のつぼみを摘んで約1週間日干しにしたもので，釘の形をしているので早くから丁子（チョウジ）という名がつけられた．主産地はモルッカ諸島，東アフリカのザンジバル，マダガスカルである．香りはバニラ風の甘味を持ち強い刺激性があり，香味料としては甘鹹両方に合う．ホールはハムや焼豚，焼きリンゴをつくる時挿し込んだり，カレー，シチューに用いる．粉末は菓子に練り込んだり，グラタンやソースの調理中に使用する．ピクルス，ハム，ソーセージ，リキュール，ソースなど広い用途がある．

8) コリアンダー coriander（コエンドロ）

セリ科の Coriandrum sativum の実の熟したものを乾燥して粉末にしたもので，なじみやすい，爽やかな強い香りを持っている．モラビア，モロッコ，ハンガリー，ソビエト，インドなどに産する．リナロールを主成分とする．使いすぎると化粧品くさくなるが，においに甘さやまろやかさを出すのに必須なものである．キャンディー，ココア，チョコレート，タバコ，肉加工品，焼き菓子，スープ，リキュール，ジンなどのアルコール性飲料に用いられる．カレー粉の原料にも使われる．葉を生のまま野菜として使用する場合は「パクチー」と呼ぶ．

9) エストラゴン estragon（タラゴン）

ヨモギの一種 Artemisia dracunculus の葉を乾燥して使用する．

日本のヨモギに似たよい香りを持っている．英名はtarragon，仏名はestragonで，タラゴンとも呼ばれる．ソース類に使用され，バターなどに混ぜ込むこともある．サラダ，チキン，卵，トマトなどに合い，ローストチキンには最適である．エスカルゴ料理には必須のものとされている．

10）シナモン　cinnamon（肉桂，ニッケイ）

クスノキ科のCinnamomum zeylanicumの樹皮を乾燥したもので，爽やかな清涼感とかすかな辛味，特徴のある芳香を持ち，甘い菓子によく合う．粉末はドーナツ，クッキー，パン，パイなどに材料と一緒に練り込み，紅茶，アイスクリーム，果物缶詰などにふりかける．

シナモンスティックはシナモンの樹皮をまきとったもので，カクテル，紅茶，コーヒー，ジュースでこれをかき混ぜ，シナモンの香りを移して風味を楽しむというような使い方をする．ピクルス類にはそのまま，または荒挽（あらひ）きして漬け込む．

11）ジンジャー　ginger（生姜，ショウガ）

ショウガ科ショウガZingiber officinaleの根や根茎を洗って太陽の下で乾燥させたものである．このとき太陽はショウガの色素を漂白するので，ショウガは淡黄色となる．甘く刺激性の香りがあり，日本でもショウガ糖などの菓子に使われた．ジンジャーの粉末は焼き菓子，パン類にふりかけると爽やかさを与え，魚肉，畜肉，鳥肉などのにおいを消して風味を添える．スープにも使用する．他の香辛料ともよく合うので，それらと混合して使用されることも多い．

12）サフラン　saffron

ユリ科のCrocus sativus（クロッカスの一品種）の花のめしべを摘んで乾燥したものである．独特の香りもあり，また少量で料理に鮮やかな黄色をつける．サフランは一つの花からたった3本のめしべしかとれないので，一番高価な香辛料とされている．スペイン料理のパエリアなどの米料理や，魚や貝の鍋料理に使われる．使うときは砕いて入れる．

13） セージ　sage（サルビア）

シソ科のSalvia officinalis，秋の花として愛好されているサルビアと同種の葉を乾燥したもので，ショウノウ様のにおいを伴うヨモギに似た新鮮な強い香りを持っている．ホロッと爽やかな苦味を持ち，肉の生臭みを消すので，ソーセージに配合され，また，種々の肉料理，鳥料理に使われる．ホールは布の小袋に入れて使うが，天火などでよく乾燥させて，揉んで砕いて使用する．

14） タイム　thyme（タチジャコウソウ）

シソ科のタチジャコウソウ Thymus vulgaris の葉を乾燥したものである．独特の薬品臭と舌をしびれさすような辛味を持ち，肉類の生臭さを消し，風味をそえる．ウスターソースの原料として愛好され，魚，肉の煮込み料理に使われる．ブイヤベースやクラムチャウダーはその例である．香りが高いので，入れすぎないように注意が必要である．ホールは布の小袋に入れて鍋に入れ，調理が終わったら袋ごと取り出す．

15） ターメリック　turmeric（ウコン）

ショウガ科の Curcuma longa の根茎を乾燥したもので，辛味はほとんどなく，クルクミンという黄色の色素を含むので，主に着色の目的で使われている．カレー粉の黄色は主にこのターメリックによるものである．たくあんなどの漬物，ピクルス，ピラフなどに使われる．高価なサフランの代用になる．

16） ディル　dill（イノンド）

セリ科の Anethum sowa の実を乾燥したもので，キャラウェーに似た香りである．味わえばはじめは温和であるが後に焼くような辛味を持つ．種子と茎葉はフレーバーがやや異なる．ピクルスにはホールのまま使用し，サラダ，マカロニ料理，スープなどにはふり入れる．グラウンドにして入れると汚れた感じがするので，ホールのまま使うことが多い．

17）ナツメグ　nutmeg（ニクズク）

ニクズクは熱帯性常緑樹で高さ10〜12mにも達する．ニクズク科（Myristica fragrans）に属する．ナツメグはその熟した種子の皮を除き乾燥したもので，メースは外皮と種子の間の種皮を乾燥したものである．ナツメグは涼味のある甘い刺激性の香りを持ち，ベーカリー製品によく用いられる．特にシナモンとよく合い，ドーナツやケーキに練り込まれる．ミルク，オートミールなどにはふりかける．バーベキュー，肉シチューなどにもよく，調理中に添加する．

ホールはドングリ型の堅い実なので，グラインダーで砕くか，おろし金でおろして使用する．カクテルの場合はホールを潰して入れる．

18）パプリカ　paprika（アマトウガラシ）

ナス科のCapsicum annuum（アマトウガラシ）の果柄の種子をとり除いて，さやを乾燥して粉末にしたものである．トウガラシと同種のものであるが，辛くはない．温和な快い香りとわずかな甘味を持ち，輝くような赤色を料理につけるのを特徴とする．魚，肉，野菜，油脂類によく合い，ロールキャベツ，サラダ，シチュー，鶏料理，ピラフ，スパゲティーなど広い用途がある．ハンガリー料理によく使われ，ハンガリー風ドレッシングなどハンガリー風料理と呼ばれるものには必ずパプリカが添加される．

19）バジル　basil（メボウキ）

シソ科のOcimum basilicum（メボウキ）の葉またはやわらかい茎を乾燥したもので，甘い香りとかすかな辛味を持っている．トマト料理によく合い，スープ，シチュー，ピザ，スパゲティーなどに用いられる．

20） バニラ vanilla

バニラ豆にアルコールなどの有機溶媒を加えて一定条件下で抽出する．マダガスカル島，レユニオン島，コモロ島，タヒチ，メキシコなどに産する．メキシコが原産で，アメリカ発見以前からチョコレート飲料のフレーバリングに利用されていたという．

バニラは用途の広いもので，アイスクリーム，ドリンク類，チョコレート，キャンディー，タバコ，焼き菓子類，プリン，ケーキ，リキュールなどの洋酒に使用される．バニラ豆の粉末を焼き菓子，ケーキ，アイスクリームなどに使用することもある．

21） フェンネル fennel（ウイキョウ）

セリ科の Foeniculum vulgare（ウイキョウ）の果実を乾燥したもので，アニスに似た快い苦味を持ち，ショウノウに似た芳香を持っている．魚料理，ピクルスに特によく使われる．菓子類にもよく合い，中華用スパイス，5 香の 1 香であり，漢方薬としても知られている．

22） ベイリーフ bay leaf

月桂樹の葉ローレルのことである．

23） ペパー pepper（胡椒，コショウ）

コショウはつる性の多年生熱帯植物 Piper nigrum の実で，黒コショウ（ブラックペパー）と白コショウ（ホワイトペパー）があり，未熟のうちにとって乾燥させたものが黒コショウ，熟してから外皮をとり除いて粉に挽いたものが白コショウで，いわば玄米と白米の違いに相当する．インド西南海岸にあるマラバルは胡椒海岸と呼ばれ，列国の争奪の的になったことはコショウの重要性を物語るもので，コショウは現在でも香辛料のうちで最も重要で，多用されるものになっている．コショウの刺激性の辛味は外皮に多く含まれるピペリンなどの揮発性成分による．外皮をとり除いた白コショウの刺激性は黒コショウの1/4程度である．コショウの特徴はいうまでもなくその特有の香りと峻烈な辛味にある．黒コショウの色が問題になる料理や上品なフレーバーを好む場合には白コショウを用い，刺激のある辛味を望む場合には黒コショウが使われる．ヨーロッパでは白コショウが好まれ，アメリカでは黒コショウが愛好されるという伝統がある．コショウは極めて用途が広く，肉，魚，卵，サラダドレッシング，スープなどあらゆる料理に使用される．コショウは腐敗を防ぐ作用もあり，肉の保存やソーセージなどに用いられる．粉末の他，あらびき，原形のままの実も市販されており，これらは香味が粉末よりも新鮮で快い歯ざわりが楽しめる．あらびきのコショウはピクルスや肉料理に使われ，ピクルスや煮込み料理にはそのまま添加される．

24）ポピーシード　poppy seed（ケシの実）

ケシ科ケシの実である．小さな粒で快い歯ざわりと香ばしい香りを持ち，菓子の飾りに使われる．パン，ケーキ，クッキーなどの飾りには焼く前に，サラダやプリンにはふりかけて使用する．

25）マジョラム　marjoram（マヨラナ）

Majorana hortensis はシソ科の植物で，葉は灰色をおびた緑色，爽やかな香気と苦味がある．マトン，レバー料理によく合い，ピザやスパゲティーなどのイタリア料理によく使われる．野菜や豆料理にもよい．香りが独特なので少量ずつ使うことが望ましい．

26）マスタード　mustard（芥子，カラシ）

アブラナ科のカラシの種子を粉末にしたものである．カラシの辛味成分は水によって加水分解されて生成するので，カラシの粉末を水かぬるま湯で溶いて，数分おくと辛味が強く出てくる．

西洋産のカラシにはクロガラシ（black mustard）とシロガラシ（white mustard）の2種類があり，日本のは黒褐色で和ガラシ（Japanese mustard）と呼ばれ，洋ガラシと区別されている．我が国でいうカラシはアブラナ科（Cruciferae）のカラシナの成熟した種子を採取し，乾燥したもので，欧州産クロガラシ（Brassica nigra）とアブラナ（Brassica campestris）との雑種である．

欧州産クロガラシや和ガラシの辛味成分は植物組織中では辛味性のないシニグリン* という配糖体として含まれ，これが水に出会うと酵素ミロシナーゼの作用で，アリルカラシ油という辛味成分に変化する．シロガラシの成分はクロガラシとは少し異なり，配糖体はシナルビン** で，ミロシナーゼの作用で，シナルビンカラシ油を生ずる．

溶いたカラシは刺激性の香りと強い辛味を持ち，ステーキ，ハム，ソーセージ，ホットドッグ，サンドウィッチ，納豆，漬物など極めて用途が広い．

“練りカラシ”はカラシにビネガーと何種かの香辛料を混合し調味したものである．

---

*

$$CH_2{=}CH{-}CH_2{-}C\begin{smallmatrix}\diagup S{-}glucose\\ \diagdown\!\!\diagdown N{-}O{-}SO_2OK\end{smallmatrix} \xrightarrow{\text{myrosinase}}$$

sinigrin

$$CH_2{=}CH{-}CH_2{-}N{=}C{=}S + glucose + KHSO_4$$

allyl isothiocyanate（アリルカラシ油）

**

$$HO{-}C_6H_4{-}CH_2{-}C\begin{smallmatrix}\diagup S{-}glucose\\ \diagdown\!\!\diagdown N{-}O{-}SO_2OK\end{smallmatrix} \xrightarrow{\text{myrosinase}}$$

sinalbin

$$HO{-}C_6H_4{-}CH_2{-}N{=}C{=}S + glucose + KHSO_4$$

p-hydroxybenzyl-isothiocyanate（sinalbin mustard oil）

27）メース　mace（ニクズク）

ナツメグと同じ実からとれるもので，ナツメグの実は核があり赤い種皮をかぶっている．この核がナツメグで，その種皮がメースである．メースは，はじめ赤色であるが，乾かすとやわらかいオレンジ色となり，粉砕したものは黄橙色である．香りはナツメグより刺激性が少なく高雅である．魚，肉の詰め物，ソースなどによく，特にケーキに入れると好ましい黄色を与えるので材料に練り込んで使用する．

28）レッドペパー　red pepper（アカトウガラシ）

レッドペパーはナス科トウガラシ属の植物で，当時新大陸のメキシコで発見され，風土に対する順応性が強く世界中に伝播した．その間にタカノツメから西洋ピーマンに到る，辛口，甘口種々の種類に変化した．タカノツメは細身のさやのトウガラシで，日本の九州産が特に良品とされ，輸出もされている．強い辛味を持ち，いくぶん甘味を含んだ香りがあり，いわゆる脂っこい肉料理をはじめ，多くの料理に使っても食欲を増進する．和風漬物，ピクルス，サラダ類にもよく合う．うどん，そばなどにも日常よく用いられる．ただし，非常に辛いものであるから，入れすぎないように注意が必要である．

29）ローズマリー　rosemary

シソ科の植物で，松葉のように細くて2.5 mmくらいの短いハーブである．フレッシュな甘い香りを持ち，肉料理，バーベキューソース，トマトソースなどのソース類によく合う．

30）ローレル　laurel（月桂樹）

ゲッケイジュの葉を乾燥したものである．ベイリーフ（bay leaf）とも呼ばれる．ゲッケイジュ*Laurus nobilis*はクスノキ科に属する常緑樹で，地中海北岸に多く生産される．我が国にゲッケイジュが植えられるようになったのは明治中期以後といわれる．強い上品な芳香を持ち，涼感を伴った苦味がある．魚，肉の煮込み料理に合い，スープやシチューの鍋に1枚入れておくと味が引き立つ．料理時間が長くなるにしたがってその香りはますます強くなるので，調理が終わったら鍋からとり出しておくのが望ましい．

カレーやスープには葉を煮込む時に入れる．ピクルスにはそのまま漬け込む．

31） サンショウ（山椒）

サンショウはミカン科の植物である．その実および葉を用いる．葉（木の芽）と若い実はそのまま利用し，成熟した果実は乾燥し，粉末にして用いる．独特の清々しい香りと辛味があり，若い芽は吸い物，木の芽あえ，田楽などに用いる．サンショウの粉と食塩を混ぜたものは花椒塩と呼ばれる．サンショウの香りの主体はフェランドレン（テルペン）で，その他オイゲノール，ゼラニオール，シトロネラールなどが含まれ，辛味はサンショオールによる．

32） ニラ

ニンニクに似た香りがある．生葉のまま，みそ汁，雑炊，ちりなべ，中華料理など各種の料理に用いる．ニラの香りの成分はジアリルサルファイドである．

33） タデ（蓼）

「タデ食う虫も好き好き」といわれるように，刺激性の香りと特有の辛味がある．日本料理にはタデ酢として，また魚の塩焼き，酢のもの，刺身のつまには生葉を用いる．白身の刺身には赤紫のアイタデ，赤身の刺身には緑のホソバタデを用いる．タデの成分はタデナールとタデノンである．

34） ミョウガ

ミョウガはショウガ科の Zingiber mioga の花穂，茎を利用する．

日本料理では生のまま，花穂（ミョウガの子という）や茎を細長くきざみ，刺身のつまや汁の実に用い，漬物にもする．特異な芳香とかすかな辛味を持っている．

35)　ユズ（柚子）

ミカン科の植物で，中国が原産で日本各地に産する．同種として，愛媛の柚柑（ユコウ），徳島の酢橘（スダチ），佐賀の木酢（キズ）などがあり，各地にトコユズがある．生のまま果汁を搾汁してユズ酢にする．日本料理では果皮と果汁を吸い物，豆腐，酢のものなどに用いる．

36)　ワサビ（山葵）

ワサビはアブラナ科に属する．全草特に強烈な辛味と香りのある根茎を用いる．根はすりおろし，葉，茎は刻んでそのまま用いる．刺身のつま，ワサビ漬の原料とする．ようかん，菓子にも用いる．この辛味はアリルイソチオシアネートと若干のブチルカラシ油である．

20.3　混合香辛料

前述のような香辛料は単独で使うことは少なく，普通は少なくとも数種のものを組合せて使用し，複雑な香りと辛味を調理に利用している．この場合，種々の香辛料をあらかじめ混合したものが市販されており，日本でも七味トウガラシなどは歴史が古い．

1)　七味トウガラシ

日本では古くから使用されている．トウガラシを主原料にして，ゴマの実，サンショウ，陳皮（ちんぴ）（ミカンの皮），アサの実，ケシの実，アオノリの7種を混合する．7種そろわない市販品も多い．そば，うどんなどの薬味としておなじみのもので，汁物，焼物などにも使用される.

2)　五香粉（ウシャンフェヌ）

茴香(ホイシヤン)（フェンネル），椒(シヤオ)（サンショウ），桂末(クワイモ)（シナモン），丁香(テインシヤン)（チョウジ，クローブ），陳皮（ミカンの皮）の5種類を混合したもので，中国料理に広く使用する.

3)　チリパウダー

トウガラシを主成分としてオレガノ，クミンシード，ガーリックなどを混合したもので，その他混合によって辛いものから辛くないものまで種々の種類ができる．メキシコ料理に広く使われているが，それに限ったものではなく，肉や野菜料理，特にうずら豆などの豆料理によく合う．チリコンカルネはメキシコ風の豆と肉の煮込み料理でチリパウダーを用いる代表的なものである.

4)　カレー粉

カレーという言葉は北インドのタミール語の“カリ”から訛ったもので，本来はソース（各種スパイスを混ぜ合わせた汁）の意といわれる．現在，われわれがカレーと思っているものは，植民地としてインドを支配していたイギリスの初代総督，ウォレン・ヘスティングが1772年に本国に持ち帰り，ヴィクトリア女王に献上したのがヨーロッパに紹介された始まりで，純インド風のカレーではイギリス人の口に合わず，原料も思うようにならないので，イギリス風にアレンジし，18世紀に製造を始めた．こうして，イギリスに紹介され，フランスで改良されて，約100年後，日本には明治初期に上陸して，以後また100年の間に日本風のものとなった.

カレー粉は各種の香辛料を配合し，それぞれの風味と統一し，あたかも一つの香辛料のようにまとめ上げた混合品である．その配合に使用される香辛料は数種とも40種以上ともいわれ，次のようなものが挙げられている.

表 20.2 文献に発表されているカレー粉配合表

文献名	*New Food Industry*, **3**, 9 ('61) (山崎峯次郎)									"食品と科学", **9**, 2('67) (西村昇二)			ボーエン化成 (加藤)	食品の官能検査法 (吉川誠次)
	A	B	C	D	E	F	G	H	I	1	2	3		
オールスパイス	—	—	—	4	4	—	4	4	2	5	—	5	—	—
トウガラシ	1	6	6	4	4	2	5	2	2	2.5	1	2.5	3	—
シナモン	—	—	—	4	4	—	—	—	—	—	—	—	—	—
カルダモン	12	12	12	5	5	—	—	—	—	5	12	—	2.5	—
コリアンダー	24	22	26	27	37	32	36	36	36	30	24	5	30	20.0
クローブ	4	2	2	2	2	—	—	—	—	2.5	4	—	3	4.5
クミン	10	10	10	8	8	10	10	10	10	2.5	10	2.5	10	10.0
フェンネル	2	2	2	2	2	4	—	—	—	—	2	—	—	—
ジンジャー	—	7	7	4	4	—	5	2	1	10	—	10	2	9.0
フェネグリーク	10	4	10	4	4	10	10	10	5	—	—	—	15	9.0
メース	—	—	—	2	2	—	—	—	—	—	—	—	—	0.9
ペパー(黒)	—	—	5	—	4	—	5	—	—	—	—	—	—	10.0
ペパー(白)	5	5	—	4	—	10	—	5	10	—	—	—	—	—
ペパー(不明)	—	—	—	—	—	—	—	—	—	10	5	40	—	—
マスタード(黄)	—	—	—	—	—	—	5	3	5	—	—	—	—	—
マスタード(不明)	—	—	—	—	—	—	—	—	—	10	—	10	3	—
ターメリック	32	30	20	30	20	32	20	28	29	30	32	30	35	22.8
ナツメグ	—	—	—	—	—	—	—	—	—	—	—	—	3	—
キャラウェー	—	—	—	—	—	—	—	—	—	—	—	—	—	2.25
セロリ	—	—	—	—	—	—	—	—	—	—	—	—	—	4.5
ガーリック	—	—	—	—	—	—	—	—	—	—	—	—	—	1.05
特徴	インディアンタイプ	ホット 暗色 インディアンタイプ	ホット 暗色 インディアンタイプ	ミドルホット 明色 高級	ミドルホット 暗色 高級	ホット 暗色 中級	マイルド 明色 中級	マイルド 明色 安価	マイルド 明色 安価					

香味料——コリアンダー，フェンネル，カルダモン，クミン，メース，オールスパイス，ディル，クローブ，キャラウェー，シナモン，ナツメグ，スターアニス

辛味料——ジンジャー，ペパー，マスタード，トウガラシ

着色料——ターメリック，パプリカ，サフラン，陳皮末

これらの原料の選択，配合比率などは各社によって異なり，また公表されていない．文献に発表されているいくつかのカレー粉配合を表 20.2 に示した．

20.4 香辛料の使用形態

香辛料は生のまま，あるいは乾燥品をそのまま，またはひきわりあるいは粉末にして，一般の料理や加工食品に使われてきた．

こういう天然の形の香辛料は古い歴史を持ち，調理には使用上特に問題はないが，食品工業では香辛料中に存在する微生物や酵素，保存中の変質などが添加食品に種々の影響を与える．例えば，天然の香辛料粉末はリパーゼを含むので，それ自体の油脂が分解されるだけでなく，添加された食品の油脂の分解を促進し，変質を早めたり，粉末の場合いかに細かく粉砕しても製品面に粒状斑点として目につき，特にシナモン，オールスパイスなど色の濃い粉末を使用する場合には，食品の色の面でも検討しなければならない．

それで，天然香辛料から香辛味成分だけを抽出してそれを用いることが検討され，近年それが実用化されている．天然香辛料から有効成分だけを有機溶媒で抽出したものは，抽出香辛料とかオレオレジン oleo（＝ oil）＋ resin（樹脂質）と呼ばれており，粘稠な油状物質である．これは，日本では食品添加物に指定され，香辛料抽出物またはスパイス抽出物の名称になっている．

抽出香辛料から揮発油成分のみを分離した精油もある．これは不揮発性成分を含まないので，呈味力の点でオレオレジンと差があることが多い．

これらの抽出香辛料は，さらに使用に便利なように，図 20.1 に示すように種々な形に製剤化されている．

乳化香辛料は，抽出香辛料を適当な乳化剤を用いて水中油滴型の乳液として使用に便利な濃度にしたものである．

吸着型香辛料は抽出香辛料をでんぷん，ブドウ糖，食塩，砂糖，グルタミン酸ナトリウムなどの粉末を担体にして，これに吸着させたものである．

コーティングスパイスは抽出香辛料をアラビアゴム，デキストリ

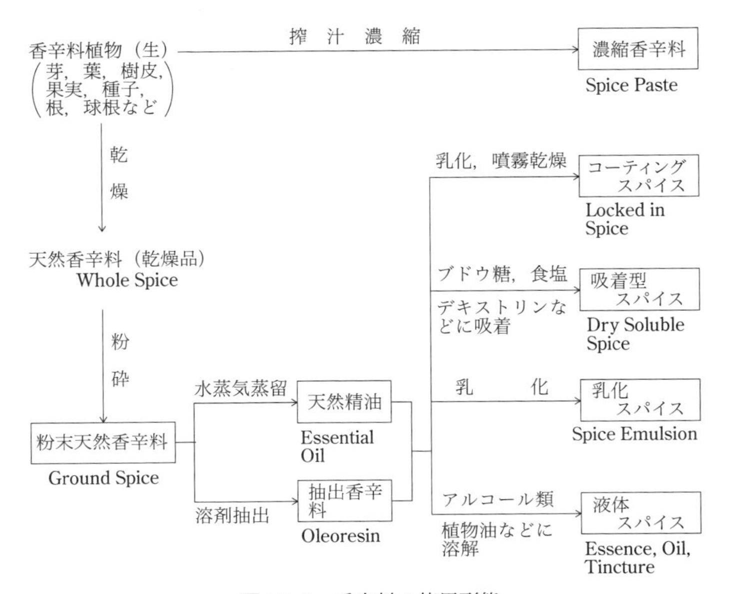

図 20.1　香辛料の使用形態

ンなどを主体とする被膜形成物質の水溶液中で乳化した後，噴霧乾燥により粉末化したものである．抽出香辛料が微粒子状となって，被覆物質中に包まれた粉末になる．

濃縮香辛料は香辛料植物の搾汁濃縮物で，水に可溶な成分が多い．主として，タマネギ，ニンニクなどがこの形態に加工されている．香りよりも味が重視される食品に主に用いられる．

20.5 香辛料の上手な使い方

かなり悪い材料でも香辛料をうまく使うと，何とか食べられるようになる．まして，適当な材料に対して，上手に香辛料を使うと素人の域を脱した調理ができる．逆に香辛料の使用法の巧拙が料理の味を支配するといっても良い．

ただ，香辛料はいずれも香味や辛味が強く，極めて特徴的であるために，一般の香辛料は使い方が難しい．また，香辛料を使用する習慣が日本では少なかったため，香辛料を添加した料理を好まない人が一部には見受けられる．

種々の香辛料の上手な使用法については，極めて多くの経験を必要とし，また自身で種々の体験を積み重ねる以外に上達の道はないと考える者の一人であるが，多少とも香辛料使用上の法則的なものがあれば便利であろうと考えて，それをまとめてみた．

20.5.1 香辛料の効用と機能

香辛料の特徴はその芳香性と辛味にあるが，それに伴い，脱臭効果や食欲増進効果が期待される．

表 20.3 は前述の各香辛料の効用をまとめたものである．一般的には，辛味の強いものは食欲増進効果があり，芳香の強いものは脱

臭効果があるといえそうである．

表 20.3 において，各香辛料が持ついくつかの効用のうちで，代表的な機能に◎をつけて，さらにまとめると，各香辛料を以下のよ

表 20.3　各香辛料の効用

	スパイス名	芳香	辛味	苦味	甘味	脱臭性	食欲増進	着色性	防腐性	備　考
1	Allspice（オールスパイス）	◎	△	○		○				嬌臭性
2	Anise（アニス）	◎								
3	Basil（バジル）	◎		○						
4	Caraway（キャラウェー）	◎		○		○				
5	Cardamon（カルダモン）	◎		○						
6	Celery（セロリ）	◎								
7	Cinamon（シナモン）	◎	○		○					
8	Cloves（クローブ）	◎	○			○				
9	Coriander（コリアンダー）	◎			○				△	
10	Dill（ディル）	◎					○			
11	Fennel（フェンネル）	◎			○	○				嬌臭嬌味剤
12	Garlic（ガーリック）	○	○			◎			○	
13	Ginger（ジンジャー）	△	◎	○		○	○		○	
14	Wasabi（ワサビ）		◎							
15	Japanese pepper（サンショウ）	○	◎			○	○			
16	Bay leaf（ベイリーフ）	○		△		◎				魚臭の脱臭効果大
17	Mustard（マスタード）		◎				○		○	
18	Nutmeg（ナツメグ）or Mace	◎	○	○						
19	Onion（オニオン）	○	○		○	◎			○	
20	Oregano（オレガノ）	○		○		◎				
21	Paprika（パプリカ）		△					◎		
22	Parsley（パセリ）	◎		○						
23	Pepper（ペパー）		◎			○	○		○	
24	Rosemary（ローズマリー）	○				◎				
25	Red pepper（レッドペパー）		◎				○		○	
26	Saffron（サフラン）			○				◎		
27	Sage（セージ）			○		◎				嬌臭剤
28	Thyme（タイム）	○		○		◎	○		○	
29	Turmeric（ターメリック）	○	○					◎		

うに類別できる.

Ⅰ群：芳香性を主体とした香辛料　オールスパイス，アニス，バジル，セロリ，キャラウェー，カルダモン，クローブ，シナモン，コリアンダー，ディル，フェンネル，ナツメグ，メース，パセリ，セージ.

Ⅱ群：辛味性を主体とした香辛料　ジンジャー，レッドペパー，ペパー，マスタード，ワサビ，サンショウ.

Ⅲ群：矯臭性を主体にした香辛料　ガーリック，ベイリーフ，オニオン，オレガノ，セージ，ローズマリー，タイム.

Ⅳ群：着色性を主体とした香辛料　パプリカ，サフラン，ターメリック.

香辛料によって，例えば魚臭などの嫌なにおいが消えたり，少なくとも減少したりする原因としては，香辛料の香りが不快なにおいをおさえてしまう，いわゆるマスキングによるものと，スパイスと悪臭成分とが化学的に結合して，においの少ない物質に変わるものとが考えられる.

魚臭の抑制効果が高いものとしてはオニオン，ベイリーフ，セー

表 20.4 色と香味を利用する香辛料中に含まれている色素類

香辛料	天然色素剤		
パプリカ レッドペパー	カロテノイド	炭化水素 アルコール	β-カロチン クリプトキサンチン ルテイン ゼアキサンチン
		ケトンおよび アルデヒド	カプサイシン カプソルビン
サフラン	カロチノイド	酸類	クロセチン
ターメリック	ジケトン類		クルクミン

表 20.5　各香辛料の主香気成分

香気	化学成分＼スパイス	コリアンダー	バジル	マジョラム	ナツメグ(メース)	カルダモン	セージ	シナモン	クローブ	オールスパイス	キャラウェー	ディル	アニス	フェンネル	セロリ	パセリ	タイム	ベイリーフ
スズラン，ライラック様	リナロール テルピネオール	◎	◎	◎														
バラ様	ピネン，フェランドレン	○			◎					○								
ベルガモット油様	テルピネルアセテート リナロールアセテート					◎												
レモン様	リモネン，ジテルペン テルピネン	○		◎		◎					○	○			○	○		
清涼な芳香	α-ツヨーン						◎											
シナモン様	ケイヒアルデヒド							◎										
クローブ様	オイゲノール		○		◎			○	◎	◎								
アニス様	アネトール メチルシャビコール		◎										◎	◎				
キャラウェー様	カルボン										◎	◎						
セロリ様	セダノライド														◎			
パセリ様	アピオール															◎		
フェノール様	チモール，カルバクロール																◎	
ショウノウ様	シネオール，フェンコン ボルネオール，カンフェン				○		◎							○				◎

◎ 主香成分，○ 多いもの

ジなどがあり，抑制効果のあるものは他にキャラウェー，カシア，クローブ，ジンジャー，タイムなどがある．マトン臭を抑制するものとしてはセージ，タイム，クローブ，キャラウェーなどがある．

着色性を主体とした香辛料としてはサフラン，ターメリック，パプリカなどがある．これらに含まれる色素は表20.4に示したように，パプリカ，サフランなどは赤色，ターメリックはオレンジイエローである．

香気を主目的とする各香辛料の香りの特徴と，香りに関連する主な化学成分を表20.5にまとめて示した．

20.5.2 香辛料の使用例

数多い香辛料が広範囲の料理に使用されているので，それを簡単にまとめることは難しいが，素材別，調理法別の香辛料の選択の仕

表20.6 素材別の香辛料使用効果

	芳香性	脱臭性	食欲増進性
肉に合う香辛料	ナツメグ，クローブ，セロリ，ディル，コリアンダー，パセリ，キャラウェー，フェンネル	ジンジャー，オニオン，ベイリーフ，セージ，オレガノ，タイム，マジョラム	レッドペパー，チリパウダー，カレー粉，ペパー
鶏肉に合う香辛料	パセリ，セロリ，キャラウェー，クミン	ベイリーフ，オニオン，マジョラム，オレガノ，セージ，タイム	カレー粉
魚介に合う香辛料	セロリ，パセリ，ディル，フェンネル	ベイリーフ，ガーリック，オニオン，マジョラム，オレガノ，タイム	レッドペパー，カレー粉，ペパー，マスタード
野菜に合う香辛料	ナツメグ，パセリ，セロリ，キャラウェー，ディル，フェンネル，クミン，コリアンダー	ベイリーフ，オニオン，セージ，タイム，マジョラム	カレー粉，チリパウダー，マスタード，ペパー

方を紹介する.

1)　素材別

食品素材の主要なものとして，畜肉，鶏肉，魚介類，野菜について，それに合う香辛料を表 20.6 にまとめた.

表 20.6 にみられるように，鳥肉，魚介類については脱臭性を主体とした香辛料を使用し，野菜の場合には芳香性の香辛料が主体となる．肉の場合には脱臭性，食欲増進性の各香辛料がよく合う.

2)　料理別

炒飯などの各料理に対する香辛料の使用効果とその事例を表 20.7 にまとめた．料理に使用する素材と調理法によって芳香性，脱臭性などの強い香辛料を使用する.

表 20.7　料理別の香辛料使用効果

	芳香性	脱臭性	食欲増進性	着色性
炒飯 ピラフ	オールスパイス，クローブ，ナツメグ，カルダモン	ガーリック，オニオン，セージ，タイム	ジンジャー，レッドペパー，ペパー	パプリカ，サフラン，ターメリック
炊き込みご飯 釜飯 まつたけご飯	オールスパイス，クローブ，ナツメグ，カルダモン		ジンジャー，レッドペパー，ペパー	サフラン
納豆	オニオン，ガーリック，クローブ，ナツメグ，カルダモン		ジンジャー，ワサビ，マスタード，ペパー，レッドペパー	
カツ ステーキ類	オールスパイス，セロリ，クローブ，ナツメグ，カルダモン	ガーリック，オニオン，オレガノ，セージ，タイム	ジンジャー，レッドペパー，ペパー	

	芳香性	脱臭性	食欲増進性	着色性
すきやき焼肉類	オールスパイス，クローブ，ナツメグ，カルダモン	ガーリック，オニオン，オレガノ，セージ，タイム	ジンジャー，レッドペパー，ペパー	
揚げ物類	オールスパイス，ナツメグ，カルダモン	ガーリック，ジンジャー，オニオン，オレガノ，タイム	ペパー	
煮魚類	オールスパイス，コリアンダー，ナツメグ	ガーリック，ジンジャー，オニオン，オレガノ，タイム	ペパー	
野菜炒め類	ナツメグ，オールスパイス，カルダモン	ガーリック，オニオン，ジンジャー，タイム，オレガノ	ペパー，レッドペパー	パプリカ
和風煮込み類	セロリ，オールスパイス，カルダモン		ペパー，ジンジャー，マスタード，レッドペパー	
卵料理	ナツメグ，クローブ，カルダモン		ペパー	
スープ類	クローブ，セロリ	ベイリーフ	ホワイトペパー	
各種ソース類		ベイリーフ，ガーリック，オレガノ，オニオン	ホワイトペパー，ブラックペパー，マスタード，レッドペパー	
各種ドレッシング類	タラゴン，キャラウェー，クミン	ガーリック，オニオン	ホワイトペパー，ブラックペパー，レッドペパー，マスタード	

20.6　香辛料の選び方

調理の際に種々の香辛料を使用するが，その場合の香辛料の選択はなかなか難しく，料理本の処方にもとづいて，そのとおりに使用している人々が多い．しかし，これだけでは応用が利かない．

香辛料を使いこなすためには以下のような方法がすすめられている．

まず，調理を始める前に，素材の種類により，香辛料の効果として何を期待するかを考える．すなわち，脱臭の必要があるか，芳香を付けるべきか，食欲増進効果を持たせたいか，着色の要があるかなど，期待する効果に従って，表20.6および表20.7の各群から適当な香辛料を選択する．

次に芳香性香辛料として，何と何を選ぶかであるが，これは調味素材，調味料，調理法などによってそれぞれ違うので，簡単にはまとめにくい．しかし，表20.5において，例えばクローブ様芳香を示すものとしては，バジル，ナツメグ，シナモン，クローブ，オールスパイスがあり，バラ様の芳香を持つものとしてはコリアンダー，ナツメグ，オールスパイスなどがある．同系の芳香を持つものは相互におきかえて調理に応用することが可能である．

カルダモン（ベルガモット油様芳香），セージ（清涼な芳香），シナモン（シナモン様芳香），セロリ（セロリ様芳香），パセリ（パセリ様芳香），タイム（フェノール系芳香）などは独特の芳香を持ち，これらは他の香辛料では代用ができない．

これらの各香辛料の効果については，それぞれ丹念に1種ずつ種々の調理に応用して，自分の感覚で覚えていくのが良いと考える．

20.7　香辛料の使用の時期

香辛料の使用時期は三つあり，第1は調理する前の下ごしらえのとき，第2は調理中，第3は調理が終わった料理にふりかけて使用するものである．

下ごしらえの時には，例えば肉や魚などの風味づけを他の調味料とともに行うもので，料理の味のベースが整えられる大事な時期である．第2の調理中に使用する場合は，例えば肉，魚，野菜などの煮込み料理．ステーキ，ケーキ，クッキーなど熱を加えて調理するものの風味の本質は，この時期に形成されることが多いので，経験と工夫が必要である．調理後の料理にふりかけて使用するのは，例えば，みそ汁，かけうどんに七味トウガラシをふりかけるとか，トーストの上にシナモンシュガーをふりかけるなど，日常よく行われる．

香辛料の使用時期は香辛料による食品の風味向上のためには重要な問題で，食品の特性と香辛料の特性によって選定されるべきであり，経験を要するところである．

文　献

1) 斎藤浩ら，“香辛料の科学（1）～（6）”，食品工業，**13**(24), 79（1970）；**14**(2), 57（1971）；**14**(4), 73（1971）；**14**(6), 89（1971）；**14**(8), 57（1971）；**14**(10), 74（1971）
2) 森一雄ら，“香辛料について（その1）～（その12）”，魚肉ソーセージ，No. 165～176 (1969-70)
3) 特別企画“香辛料”，食の科学，**13**(8), 15～86 (1973)
4) 斎藤浩，“スパイス―効用と料理法”，p.48，梧桐書院（1980）
5) 武政三男，“料理上手のスパイスブック”，p.1，講談社（1989）
6) 武政三男，“スパイスのサイエンス―スパイスを科学で使いこなす”，p.20，文園社（1990）

21. 食品調味の具体例

実際の食品の製造あるいは調理の場合には，今までに述べた調味料を種々組合せて使っていくが，その食品に応じた調味料の種類やその量には，もちろん決まった法則はない．人々の好みやつくる方針などでそれぞれ異なるものである．

食品調味は，対象とする食品が新製品であるか，風味向上の改良品であるか，コストダウンか，他社の類似品を目指すかによって各々的確な調味を行うことが重要である．

21.1 食品調味の手順

目指す食品の調味処方を決める場合には，まず，どのような調味にするかのコンセプトを決めることが重要である．このコンセプトの事例を表 21.1 に示した．また，新製品か，既存品の改良か，コストダウンかも明確にしておくことが重要である．

食品の調味は，対象の食品がある場合は図 21.1 に示すような手順によって進める．対象商品を官能及び化学・物理分析によって，香りや味に関与する成分を検出して，オミッションテストなどで，

表 21.1 調味のコンセプト

①	風味の特徴	→	名称の風味の強調（ビーフ，かつおぶし，オニオンなど）
②	味の特徴	→	コクの強調，濃い味，薄味，カニ味，しょうゆ味，みそ味など
③	健康志向	→	減塩，低カロリー，抗う蝕，機能性成分（アンセリン，カルノシンなど）
④	テクスチャー	→	軟らかい，スムース，歯切れが良いなど

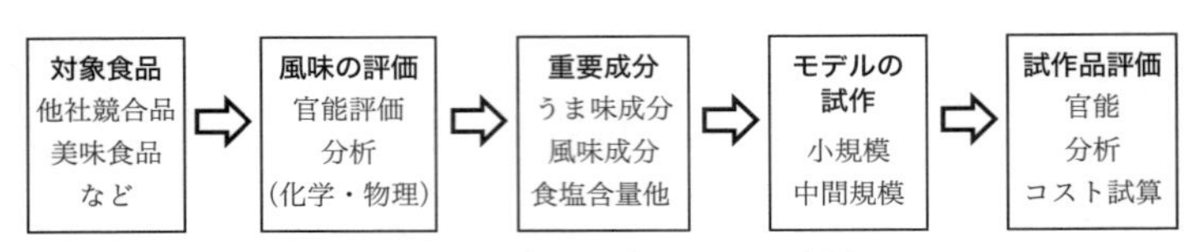

図 21.1　食品調味のための手順

表 21.2　加工食品に調味料を使用する場合に留意すべき事項と対応

項　目	対　応
①　原料や調味料由来のうま味成分，食塩含量を知ること	・原料や調味料に含まれる食塩やうま味成分含量を，企画書または分析により算出して，添加量を調節する
②　うま味調味料のヌクレオチドが含まれる場合は，ホスファターゼの残存に注意する	・酵素の加熱失活後に調味料を添加する ・ホスファターゼの作用しない粉末製品にする
③　食塩，グルタミン酸ナトリウム(MSG)，5′-リボヌクレオチドの量の割合	・食塩は液もの 1% 前後，煮物は高く，MSG は食塩の 1 割，5′-リボヌクレオチドは MSG の 1 割程度
④　液体製品の場合には，溶解性や混濁が生じないか注意する	・グルタミン酸ナトリウムのように酸性では溶解度が低いものがある
⑤　甘味料の糖類を使用する場合には，アミノ酸との共存により褐変が進む	・加熱や保存中に褐変が進行しないか試験する ・特にキシローズ，グリシンなどは褐変しやすい
⑥　調味料の原材料の内容をすべて知っておくこと	・アレルゲン，食品添加物など最終製品の表示が必要なものは全て記載しておく

重要成分を決定する．その結果に基づいて，モデル品を試作して評価する．この場合，味に重要な影響を及ぼすうま味成分，食塩，pH などと共に，テクスチャーとして粘度や固さ色なども測定する．試作品については，コスト試算も行う．

今一つ，食品調味において，開発段階から留意すべき事項について表 21.2 に示した．

21.2　食品調味の考え方

食品の甘さ，しおからさなどについては食品によって，おおよその範囲があり，例えば，汁粉ならば砂糖25〜30%，かまぼこならば食塩含量3%前後，スープならば食塩含量1%前後というようにだいたい決まっており，食塩含量30%のかまぼことか，砂糖含量50%のスープなどというものは常識的には存在しない．

それで，多くの食品にはその製造のための配合例が示されており，それに基づいて，それらの食品を調味することができる．また，調味に種々の工夫をすることによって，現在市販のものよりもさらにうまいものをつくることができる．

例えば，日本の代表的で伝統的なつくだ煮（佃煮）の調味について考えてみよう．つくだ煮の主要な調味料はしょうゆと砂糖である．製品を煮熟して残った液をたれと称して，これにしょうゆと砂糖を追加して，次回の煮込みに使用している．この調味液の配合割合は製品の種類や工場によって異なり，また時代とともに変わる．例えば，コンブ類のつくだ煮はしおからく，エビやアミの類のつくだ煮は甘い．貝類については，銘柄によって，特に甘いものやしおからいものがあり，それをその老舗（しにせ）の特徴としているようであるが，一般的には，貝類つくだ煮の分析値は水分25%，砂糖20%，食塩10%，その他45%前後である．

ここでは，この分析値のものが味つけとして最も良いと考え，このような“アサリのつくだ煮”1 kgを作るのに要する原料と調味料を計算してみよう．

上述の分析値で，その他の成分45%は主としてアサリ肉の固形物である．アサリ生肉の固形物量は平均20%であるから，つくだ煮1 kgを作るに要するアサリ肉の量は次のようである．

$$45/20 \times 1000 = 2250\ \mathrm{g}$$

次に，しょうゆの砂糖および食塩の含量を計算の便宜上それぞれ5%および20%とすると，つくだ煮1 kgをつくるために

1）食塩については，つくだ煮全体の10%の食塩，すなわち100 gの食塩をしょうゆでまかなうとすると，しょうゆは500 g（比重1.2として420 mL）必要である．

2）砂糖については，しょうゆ500 g中の砂糖の量は25 gであるから，この他に別に加えるべき砂糖の量は

$$200 - 25 = 175\ \mathrm{g}$$

3）1 kgのアサリつくだ煮を製造するには2,250 gの生アサリ肉，500 g（420 mL）のしょうゆ，175 gの砂糖を要し，これを1 kgにまで煮つめる必要がある．

4）もし，砂糖だけでなく，水あめを加えて，同様な甘さのものをつくろうとするならば，例えば砂糖の半分を水あめでおきかえるには，この甘味に必要な砂糖量200 gに対し，その半分の砂糖は

$$200 \times 1/2 = 100\,(\mathrm{g})$$

このうち，しょうゆには25 gの砂糖があるので，追加すべき量は100 − 25 = 75 g，水あめの甘味度をショ糖の50%とすれば，

$$(200 - 100)/0.5 = 200\,(\mathrm{g})$$

1 kgのアサリのつくだ煮を製造するには2,250 gの生アサリ肉，500 gのしょうゆ，75 gの砂糖，200 gの水あめを合わせて，1 kgまで煮つめる，ということになる．

5）この場合，普通はしょうゆだけでなく，うま味調味料を併用

する．グルタミン酸ナトリウムは食塩の5～20％が適量とされる．つくだ煮のように濃厚な味を好む場合には多い方をとり，食塩の2割とすると，つくだ煮1 kg中の食塩100 gの20％は20 gであるから，必要なグルタミン酸ナトリウムは20 gとなる．しょうゆにはグルタミン酸がかなり多く存在し，その量はグルタミン酸ナトリウムとして1.2～1.3％である．これは500 gのしょうゆで6～6.5 gにあたる．それで添加すべきグルタミン酸ナトリウムは20 g－6 g＝14 gである．

イノシン酸ナトリウムやグアニル酸ナトリウムなどの核酸系調味料は，グルタミン酸ナトリウムの10％程度を使うことが多いので，上述のグルタミン酸ナトリウム20 gの10％ならば2 gとなる．

6）もし，さらに複雑味やコク味をつけたいときは，各種天然系調味料を加えたり，香辛料，例えばショウガを加えたり，みりんを加えたりすることになる．

21.3　食品調味の事例

21.3.1　減塩処方

減塩処方の麺つゆとしょうゆラーメンスープの配合例を表21.3および表21.4に示した．

21.3.2　だしを使用した惣菜の処方

各種だしやみりん，しょうゆなどを使用した親子丼の具の処方を表21.5に，シュウマイの処方を表21.6に示した．

21.3.3　減塩かまぼこの処方

かまぼこには，一般に2～2.5％の食塩が含まれる．塩化カリウム

表 21.3　麺つゆの処方
（50％減塩）（3倍濃縮タイプ）

原料名	配合割合（％）
濃口しょうゆ	20.0
たまりしょうゆ	1.1
食塩	1.1
かつおぶしエキス	23.0
上白糖	6.5
MSG	0.2
5′-リボヌクレオチド	0.1
酵母エキス	1.2
コンブエキス	0.4
しいたけエキス	0.4
高酸度米酢（酸度 10.0）	0.8
減塩調味料（HVP 配合型）	1.2
みりん	3.0
還元水飴	13.0
塩化カリウム	0.4
水	27.6
合計	100.0

① 3倍濃縮タイプ
② 食塩量（喫食時）：4,360 mg/100g
③ 食塩低減率：50％
④ 食塩は，添加した食塩，濃口しょうゆ（14.5％），たまりしょうゆ（13.0％），エキス（4種），減塩調味料に含まれる総量
⑤ しょうゆと食塩を減らすことで50％減塩しながら，味のぼやけを改善し，しょうゆのインパクトある味に仕上がる．だしの風味豊かな麺つゆができる．

表 21.4　しょうゆラーメンスープ
（30％減塩）（液体タイプ10倍）

原料名	配合割合（％）
減塩しょうゆ	32.3
発酵調味液（米）	3.0
かつおぶしエキス	19.3
煮干しエキス	2.5
コンブエキス	3.5
ローストえびエキス	3.5
タンパク加水分解物（HVP）	2.5
配合型調味料（HVP，アミノ酸）	1.2
オニオンエキス	0.6
ジンジャーパウダー	0.1
ホワイトペッパーパウダー	0.1
粉末カラメル	1.0
丸鶏エキス	18.0
MSG	1.0
5′-リボヌクレオチド	0.2
減塩調味料（HVP 配合型）	3.0
塩化カリウム	0.5
酵母エキス	2.5
食用乳酸（50％乳酸）	0.2
香味油（清湯）	5.0
合計	100.0

① 10倍濃縮タイプ
② 食塩量（喫食時）：11,834 mg/100g
③ 食塩低減率：30％
④ 食塩は，減塩しょうゆ（8.4％），HVP，発酵調味液，各種エキス，減塩調味料に含まれる総量
⑤ 減塩しょうゆを使用し30％減塩しながら，先味が強くバランスのとれた味に仕上がる．しょうゆ風味が引き立つラーメンスープ

表 21.5　親子丼の具の処方

原料名	配合割合(%)
片栗粉	0.4
砂糖	0.8
玉ねぎ	21.7
長ねぎ	1.8
みつば	1.8
刻みのり	0.1
かまぼこ	1.7
鶏肉（もも）	24.7
卵	28.6
日本酒	1.6
本みりん	3.8
濃口しょうゆ	2.6
薄口しょうゆ	2.2
かつおぶしエキス	7.8
和風だし（かつお，顆粒）	0.4
合計	100.0

① 食塩含量：1,100 mg/100g
② エネルギー：104 kcal/100g
③ 和風だし（かつお，顆粒）：食塩 40 g/100g
その他 MSG，5′-リボヌクレオチドを含む
④ かつおぶしエキス：食塩，イノシン酸，グルタミン酸を含む
⑤ 和風だし（かつお，顆粒）を使った一般市販の親子丼の具

表 21.6　シュウマイの処方

原料名	配合割合(%)
小麦粉	13.1
パン粉	3.1
でんぷん（ポテト）	1.0
加工でんぷん	4.1
砂糖	2.4
大豆粉	0.1
大豆タンパク	6.6
根ショウガ	2.8
玉ねぎ	22.4
豚肉（ひき肉）	15.3
鶏肉（ひき肉）	14.8
鶏卵	1.2
卵白	1.1
ゴマ油	0.6
ラード	6.1
紹興酒	0.3
濃口しょうゆ	1.7
食塩	0.6
ブイヨン顆粒	0.6
和風だし顆粒	1.0
オイスターソース	0.4
魚醤（ナンプラー）	0.1
コショウ（混合）	0.6
合計	100.0

① シュウマイ 100 g 当たりの含量
食塩 1.3 g，エネルギー197 kcal，タンパク質 9.1 g，脂質 9.2 g，炭水化物 19.6 g
② ブイヨン顆粒の食塩含量 43.2 g，和風だし顆粒の食塩 40 g/100g，その他 MSG，5′-ヌクレオチドが含まれる
③ オイスターソースの食塩 11.4 mg，ナンプラーの食塩は 22.9 g/100g

と減塩調味料を使用することによる60％減塩かまぼこの処方を表21.7に示した.

表 21.7　減塩かまぼこの処方

（60％減塩）

原料名	配合割合（％）
すり身	50.00
食塩	0.45
塩化カリウム	0.50
馬鈴薯でんぷん	5.00
卵白	1.80
砂糖	1.25
加工でんぷん	0.50
MSG	0.10
減塩調味料（配合型）	0.17
HVP	0.10
酵母エキス	2.20
核酸系調味料	0.10
氷水	37.83
合計	100.0

① 塩化カリウムの嫌味を減塩調味料（HVP, メイラードペプチド等配合型）と酵母エキスの使用で解消した.

② 核酸系調味料は, リボヌクレオチドナトリウムに油脂加工したもので, ホスファターゼ耐性が増強されたもの.

文　献

1）清水亘, “水産利用学”, p.300, 金原出版（1960）

2）“加工食品のためのおいしい減塩レシピ集”, MC フードスペシャリティーズ（2014）

3）“日本食品標準成分表（2015 年版, 七訂）”,（文部科学省科学技術・学術審議会・資源調査分科会）

4）“「味な話」メールマガジン（2018 年 5 月号）”, MC フードスペシャリティーズ

22.　食品調味と健康機能

食品の調味に用いられるアミノ酸，動植物のエキス，発酵調味料などに含まれる成分は，調味としての機能に加えて，生体調節機能や抗酸化性を示すことが明らかになっている．

また，うま味や甘味などを感じること，すなわち味覚そのものが栄養生理学的な意義を持つ．

表 22.1 に基本味とその生理的な意義との関係を示した．人間はその永い歴史のなかで，味によって生命を保ってきた．甘いものはエネルギー源になり，しおから味はミネラル源，酸味は未熟な果実

表 22.1　基本味とその生理的な意義

基本味	シグナル	生理的意義
甘味	糖のシグナル	エネルギーを生み出すシグナル，血糖は常に一定に保たれるように調節されるため，血糖低下やエネルギー欠乏は甘味に対する欲求を引き起こす
塩味	ミネラルのシグナル	ミネラルの存在を教えるシグナル，ナトリウムは，体液中で厳密な濃度調節のもとで，存在している．ナトリウムの不足に対しては，強い塩味欲求を起こし，これを摂取しようとする
酸味	腐敗物のシグナル	本来忌避されるべき物質のシグナルである．未熟な果実，腐敗して酸っぱくなった食物を暗示する．一方，運動後の酸味欲求には，有機酸の種類に特異性があり，クエン酸が欲求される
苦味	毒物のシグナル	植物アルカロイド，テルペノイド，配糖体など，強い生理活性や毒性のあるものの味を表す．化学薬品などの異物に対する警戒のための信号である
うま味	タンパク質のシグナル	主にアミノ酸，核酸の味であり，タンパク質や細胞成分が豊富に存在することを示すシグナルである

や腐敗して酸っぱくなったもの，苦味は人体にとって危険なもの，うま味は体を保つタンパク質や核酸のシグナルとして，食べ物を選別してきたと言われている．

22.1　エキスに含まれる成分の健康機能

エキスは，動植物や酵母の水溶性の成分であり，また，油脂区分も調味料として利用される．これらには，生物体が生きるために使った成分，いわゆる機能性成分が含まれている．なお，健康を保持するためには，バランスの取れた食生活が何より重要であるが，生活習慣や地域性，仕事の種類によっては，なかなかバランスのとれた食生活ができない場合がある．その中で，各種の健康に良いと言われている成分が含まれている魚介エキス，肉エキス，野菜エキス，酵母エキスの摂取が有効といえる．

すなわち，これらのエキスは食品調味と健康の保持の両面からみて有効と考えられる．表22.2にエキス調味料に含まれる成分で健

表 22.2　エキス調味料に含まれる成分で健康に効果があると言われている主な事例

アミノ酸	・γアミノ酪酸（畜肉エキス，野菜エキス，血圧が高めの方に特定保健用食品（トクホ）がある.） ・グリシン（カニエキス，エビエキス，記憶，睡眠に良い） ・イソロイシン，バリン，ロイシン（畜肉エキス，筋肉増強，疲労抑制） ・グルタミン（畜肉エキス，免疫力を高める） ・タウリン（魚介類エキス，血中脂質改善，肝機能を高め，血圧低下） ・ヒスチジン（魚類エキス，抗肥満） ・オルニチン（貝類エキス，肝臓の解毒）
ペプチド	・かつおぶしオリゴペプチド（血圧が高めの方へのトクホあり） ・グルタチオン（酵母エキス，肝臓機能改善，細胞老化防止に有効） ・サーディンペプチド（イワシエキス，有効成分はVal-Tyr，血圧上昇抑制）

(表 22.2 の続き)

タンパク	・ゼラチン（畜肉，魚介エキス，コラーゲンの熱変性したもの美容に良い）
核酸関連物質	・酵母エキス（ヌクレオチドなど含む，老化防止等に有効との報告）
ビタミン	・酵母エキス（ナイアシンなど各種のビタミン，口内炎，ペラグラ予防他）
グアニジン化合物	・クレアチン，クレアチニン（肉エキス，持久力を高める，疲労を回復）
イミダゾール化合物	・アンセリン，カルノシン（畜肉，魚類エキス，抗疲労，運動パフォーマンス向上）
ミネラル	・コンブ，ワカメなどの海藻エキスに K,Ca,I などの各種のミネラルが含まれる
油脂関連物質	・アラキドン酸（鶏肉エキス，必須脂肪酸で種々の生理作用）， ・マグロエキス製造時に採取される DHA 及び EPA（動脈硬化，脂質異常症，認知症の予防，アレルギー等に良い）
色素類	・野菜エキスの β カロテン（活性酸素低下，ガン予防　他） ・カレー粉のスパイスに混合してあるターメリック（ウコン）のクルクミン（抗酸化作用，肝臓によい，発ガンを抑制）
酵母菌体成分	・酵母エキス（ビタミン，ミネラル，タンパクなどを多く含み，肝機能向上，美容に有効）
フコイダン	・コンブ，ワカメエキス，免疫に良い，ガンによい，血圧上昇抑制，肝機能改善　他
ベタイン	・タコ，エビ，貝類エキス，脂質異常症，脂肪肝に良い
ヨウ素	・コンブエキス，甲状腺ホルモンを作る，基礎代謝を高める，発育促進など
葉酸	・緑黄色野菜エキス，貧血を防ぐ，口内炎予防，病気への抵抗力を高める
ニンニクの成分	・ニンニクエキスの成分は，強壮作用，抗菌作用，高血圧予防
玉ねぎの成分	・玉ねぎエキスの成分は，コレステロール低減，血圧低下，血小板凝集抑制効果

康に効果があると言われている主な事例を示した．これらは，ヒトへの試験で有効性が確認されたものではないが，モデル実験やインビトロ実験で効果があるもの，古くから言い伝えられたものなどが含まれる．

22.2 かつおだしの健康機能

かつおだしは，古い歴史をもち，鹿児島県では「かつお煎じ」と言われるかつおぶしのエキスを濃縮したものが健康・滋養の素として利用されていた．近年，このかつおぶしの健康機能についての研究が進展した．かつおだしの抗酸化機能と疲労改善などの健康機能である．

22.2.1 かつおだしの抗酸化機能

かつおだしによる食品調味の過程において，食品の酸化を抑制することが明らかにされた．人体においても酸化ストレスによる活性酸素を始めとするフリーラジカルは，生体障害の大きな原因の一つであり，ガン，冠動脈心疾患，アルツハイマー等の疾患と関係あることが報告されている．したがって，かつおだしの有する抗酸化性は，これらの疾患に対する予防的な作用を示すことも考えられる．

エキス調味料メーカーの研究者がかつおだしの活性酸素消去能を有することを報告している．かつおぶしの製造工程の焙乾工程でフェノール成分が吸着し，さらにカビ付け工程でカビが抗酸化物質を産生するとされている．

実際の調理における抗酸化効果は，かつおだしを用いて加熱調理したマイワシの煮魚は，水で調理した煮魚と比べた場合，マイワシ特有の生臭みが抑制されていることが示された．また，かつおだしの濃度が高くなるほど，抑制効果も高くなった．これらの結果は，DPPH（2,2-ジフェニル-1-ピクリルヒドラジル*）ラジカル消去活性が上昇すること，TBA（チオバルビツール酸試験）価**も低い値を示した．これらの実験によってかつおだしがマイワシの加熱調理において，抗酸化能を発揮し，脂質の酸化を抑えており，生臭みも抑制することが確認された．

これらのかつおだしの抗酸化活性を示す成分として，クレアチニンと 2-methoxy-4-methyl-phenol および 4-ethyl-2-methoxy-phenol が同定されている．

22.2.2　かつおだしの健康機能

かつおぶしの原料であるカツオは，スズキ目・サバ科に属する魚で，エラ呼吸することができず，また浮袋もないため，一生涯高速（30〜50 km/ 時）で泳ぎ続ける「疲労知らずの魚」と言われている．このカツオを原料とするかつおだしにも同様の疲労改善効果があるものと予測される．

実際に，動物試験およびヒトによって評価した結果，各種の疲労（肉体疲労，精神疲労，眼精疲労）の改善効果や乾燥肌・荒れ肌を抑制する効果があることが認められている．それらの概要を表 22.3 に示す．

このようなかつおだしによる多種の疲労改善効果のメカニズムに

---

* 2,2-ジフェニル-1-ピクリルヒドラジル：抗酸化能アッセイに用いる有機化合物

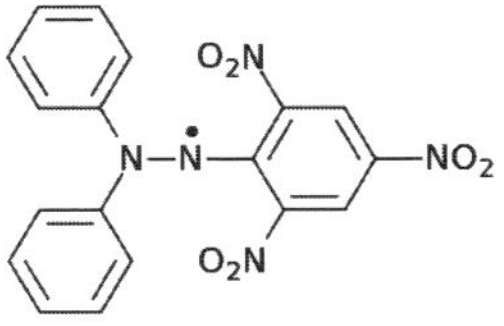

O_2N, N–Ṅ, $-NO_2$, O_2N

** チオバルビツール酸試験値は油脂の酸化が進行すると値が高くなる

表 22.3 かつおだしの疲労改善効果の概要

効果の分類	効果の内容
① 運動負荷後の疲労回復効果	強制歩行運動装置（回転式トレッドミル）を用いてマウスを強制的に 3 時間歩行運動させた後，かつおだし投与群と蒸留水投与群に分け，その後無菌箱に入れ，赤外線センサーで，60 分間の自発行動量を測定．蒸留水群は自発行動量低下，かつおだし群は自発行動量が回復した
② 肩こりの改善効果	成人男女 24 人が，かつおだし（かつおぶし 25 g）とプラセボ（フレーバー，食塩色素等でかつおだしに似せた）を 4 週間，毎日，125 mL ずつ飲んで，毎日寝る前に肩こりの自覚症状を 5 段階で記入，プラセボ群では摂取前後で有意な変化がみられなかった．一方，かつおだし摂取群では摂取後 3 週目の時点で，摂取開始 1 週間目と比較して「肩こり」の自覚症状に有意（$p < 0.05$）変化，「肩こりを強く感じる」回答が減少し「普通の状態」との回答の割合が増加した．
③ 眼精疲労の改善	眼精疲労を自覚している成人男女 24 人を対象に，ダブルブラインドクロスオーバー試験を実施．被験者の一方に，かつおだし（固形分 25 g）を毎日 4 週間摂取させ，VDT（Visual Display Terminals）作業負荷を実施して，目の毛様体筋の痙攣状態を測定した．かつおだし摂取により眼精疲労が軽減される結果が得られた．
④ 日常の気分・感情状態，特に疲労感の改善効果	疲労感を自覚している大学の職員 15 名を 2 群に分け，一方にかつおだし（固形分 2.5 g）を含むみそ汁，他方をプラセボだし粉末を含むみそ汁を朝食と夕食 1 日 2 回，2 週間摂取してもらって，POMS（Profile Mood States）試験を実施した．本法は，感情状態を 5 段階で評価する質問法で「緊張—不安」「活気」「疲労」など 6 項目で評価，得点が低いほど気分・感情状態が良好とする．かつおだし摂取前に比べ，摂取後は「緊張—不安」で有意に（$p < 0.05$），「疲労」で有意に（$p < 0.1$）低値を示した．
⑤ 精神作業負荷時の作業効率に対する効果	日常的に疲労感を感じている成人男女 48 名を 2 群に分けて，一方にかつおだし（固形分 2.5 g），他方にプラセボを毎朝 4 週間摂取させ，摂取期間後内田クレペリンテスト（1 桁足し算を繰り返し行う単純計算課題）を 30 分間実施．精神作業の指標として正答率を用いた．プラセボ摂取群では摂取前後の有意な変化を示さなかった．かつおだし摂取群では，摂取前と比較して正答率が約 5% 有意に（$p < 0.1$）増加した．
⑥ 乾燥肌・荒れ肌に及ぼす影響	18 才以上の男女 56 名を対象に，二重盲検，無作為割付による 2 試験区クロスオーバー試験を実施．摂取サンプルがかつおだし区とプラセボとし，各試験食 125 mL を夕食とともに 4 週間摂取させた．摂取前後の肌水分量及び肌酸性度の測定，肌に対する自己評価アンケート調査を行った．その結果，かつおだし摂取により，プラセボ摂取と比べ，肌水分量の低下抑制傾向が認められ，かつおだしは肌の乾燥を抑制する可能性を確認した．また，自己評価アンケートにより，肌の艶と肌の透明感が有意に改善される結果を得た．

ついては，今後の研究に期待しなければならないが，かつおだしの摂取により血流量が増加することもその一因であると考えられている．

古くから食べ物をおいしくする機能を有するかつおぶしが，ヒトの健康保持・増進や美容にも貢献していることは，医食同源とも言われるように興味の尽きない課題といえよう．

ここでは，かつおだしの健康機能につて述べたが，医食同源といわれるように，食べ物の中には，ヒトの健康に有益な物質が数えきれないほど存在するものと予想される．

22.3　食品調味による健康の増進

厚生労働省の国民健康・栄養調査（2016）によると，糖尿病有病者とその予備軍が何れも約 1,000 万人，高齢者（65 歳以上）の低栄養傾向の者の割合は男性 12.8%，女性 22.0% と報告されている．

このような，糖尿病の予防や低栄養の改善には，食生活対策，中でも食品の調味に負うところが大きい．たとえば，食物繊維やビタミン，ミネラルの豊富な野菜類を美味しく食べるためのドレッシング，食塩の摂取過多を防ぐための減塩調味，多価不飽和脂肪酸を多く含む魚のおいしい調味，高齢者の食欲増進のための調味など，食品調味の役割は大きい．

また，同省の日本人の食事摂取基準（2015）において，PFC バランス（エネルギー産生栄養素バランスの名称に改めた）は，成人では P（タンパク）13〜20，F（脂質）20〜30，C（炭水化物）50〜65% を推奨している．昭和 50 年代の米飯中心で，漬物，魚などにみそ，しょうゆなどの発酵調味料や，コンブ，かつおぶしによる調味による食生活の PFC バランスは，「日本型食生活」と言われるように優れてたものであったが，食塩摂取量が多いという問題点があった．これには，減塩調味（13 ページ参照）の手法により，しおからさと美味しさとを保ちながら，食塩量を厚生労働省の推奨する 7〜8 g/ 日以下に減少することが可能となる．この減塩調味を，加工食品，外食産業，家庭や給食の調味において実践することにより，高血圧に関連する脳卒中，心筋梗塞，腎不全などの循環器病を予防することが可能となる．

日本でも，食の欧米化が進んでいる，この一つに脂肪摂取の増加がある，これは，脂肪はやみつきになる美味しさを持つため，過剰摂取に繋がりやすい．一方，かつおぶしだしも同様にやみつきになるおいしさを有することが明らかになった．したがって，かつおだしによる食品の調味は，脂肪の過剰摂取を防ぎながら，美味しくて人の嗜好を満足させる，古くて新しい調味手法といえる．

おいしいものは体に良いと言われるが，食品調味も健康の管理，増進の観点から観るのも今後の課題であろう．

参考文献

1）“「健康食品」の安全性・有効性情報”（国立健康・栄養研究所 HP・素材情報データベース）　https://hfnet.nih.go.jp/contents/indiv.html#Jw01

2）柴草哲郎，“かつおだしの健康価値”，熊谷功夫・伏木亨　監修，‘だしとは何か’，p.233，アイ・ケイコーポレーション（2012）

3）近藤高史，“和食を支えるだしの魅力―おいしさと健康機能―”，日本味と匂学会誌，**21**(2), 129 (2014)

4）山田桂子ら，“鰹だし摂取が乾燥肌・荒れ肌に及ぼす影響”，健康・栄養食品研究，**9**(1), 53 (2006)

索　　引

ア　行

カ 行

サ　行

タ 行

ナ　行

ハ 行

マ　行

ヤ　行

ラ　行

ワ　行

欧　字

■原著者

太田　静行（おおた・しずゆき）

1925年　東京都世田谷区生まれ
1947年　東京大学農学部農芸化学科卒業
　　　　味の素（株）に入社，横浜工場に勤務
1956年　本社食品研究室，中央研究所にて，主として食用油の利用および改質，食品調味などの研究に従事
1974年　北里大学水産学部教授・水産利用学担当
1990年　北里大学名誉教授
　　　　農学博士・技術士（農芸化学）

著　書　『フライ食品の理論と実際』共著（幸書房）
　　　　『隠し味の科学』共著（幸書房）
　　　　『食品調味の知識』（幸書房）
　　　　『ソース造りの基礎とレシピー』共著（幸書房）
　　　　『たれ類』『つゆ類』（光琳）
　　　　その他著書多数.

■改訂編著者

石田　賢吾（いしだ・けんご）

1939年　岡山県真庭郡蒜山生まれ
1962年　鳥取大学農学部農芸化学科卒業
　　　　協和発酵工業（株）入社　東京研究所勤務
1978年　食品酒類研究所（主査・所長）
　　　　農学博士（東京農業大学）「酵素利用によるアミノ酸系調味料の製造に関する研究」
　　　　2つの研究所で調味料，酵素，機能性素材等の研究開発に従事
1990年　本社（食品開発部長）
1995年　味日本（株）出向（常務次いで専務取締役）
2002年　協和発酵工業（株）定年退職
　　　　石田技術士事務所開設（技術士）
　　　　（公社）日本技術士会・登録食品技術士センター（会員，会長（2008～2012））
2003年　日本エキス調味料協会　専務理事，2017年（同協会　顧問）

著　書　「微生物と発酵生産」一部執筆：酒類及び発酵食品（1979，共立出版）
　　　　「食品工業と酵素」一部執筆：タンパク分解酵素と調味料製造（1983，朝倉書店）

改訂新版　食品調味の知識

1975年2月1日　初版第1刷発行
1996年7月5日　三訂第2刷発行
2001年5月1日　三訂第3刷発行
2019年2月4日　改訂新版初版第1刷発行

原著者　太田静行
改訂編著者　石田賢吾
発行者　夏野雅博
発行所　株式会社　幸書房
〒101-0051　東京都千代田区神田神保町2-7
TEL 03-3512-0165　FAX 03-3512-0166
URL　http://www.saiwaishobo.co.jp/
組　版：デジプロ
印　刷：シナノ
装　幀：クリエイティブ・コンセプト（江森恵子）

Printed in Japan. Copyright Kengo Ishida. 2019
無断転載を禁じます。
JCOPY 〈(社) 出版者著作権管理機構　委託出版物〉
本書の無断複写は著作権法上での例外を除き禁じられています.
複写される場合は，その都度事前に，(社) 出版者著作権管理機構
(電話 03-3513-6969，FAX 03-3513-6979，e-mail：info@jcopy.or.jp)
の許諾を得てください.

ISBN978-4-7821-0434-7　C3058